前言

随着社会的发展，新时代的很多女性早已冲破了“女人只能相夫教子”的传统观念束缚，开始和男人一样接受高等教育，并越来越多地走入职场，参与社会竞争，努力地实现自己的人生价值。同时，她们也开始在社交生活中积极地展现自己的风采。在女人的眼里，世界是以关系为基本构成因素的，因而她们更喜欢用关系来诠释这个世界。可以说，女人天生是优秀的交际家。然而事实上，我们不难发现，还是有不少女人为此感到苦恼。她们不知道该怎样让自己周围的人喜欢自己，不知道怎么和同事、下属、领导打交道，不知道怎么和家人和睦相处，不知道……而最终，面对繁忙的工作和生活，很多女人弄得身心俱疲。她们不由地为此感叹：“做人真难，做一个面面俱到的女人更难。”

而其实，这只能说明一点，这些女人太过“死心眼”，不懂得从心理学的角度分析问题。的确，人际关系说复杂也很复杂，说简单也很简单。纵然与我们打交道的人各色各异，但无论是地位高者还是地位低者，无论是朋友还是敌人，只要我们能掌握对方的心理，并采取相应的心理策略，那么，要处理好人际关系并非难事，而且你还能轻松地从中达到自己的目的。

我们可以说，人际交往，做人做事，都和心理学有着千丝万缕的联系。《三国志》有云：“用兵之道，攻心为上，攻城为下；心战为上，兵战为下。”这一兵法尤其在现代社会的社交生活中大有用武之地。如果不懂心理学，即便你口若悬河、大费周章，也可能南辕北辙、毫无效果；相反，如果懂得心理学，可能只需付出一点点，便能洞悉对方的内心世界，率先掌握主动权，占尽社交先机，最终顺利达到交际目的。

因此，生活中的每一个女人，都应该懂点社交心理学。它可以使你摆脱无所适从的困惑；它可以让你具有认清环境和辨别他人的能力；它可以使每个人在风云突变之际，看透周围的人与事，看破一个人的真伪，洞悉他人内心深处潜藏的玄机，以不变应万变。进而指导你怎么说话、怎样做事，让你从容应对各种人际关系，不再四处碰壁，牢牢地掌握人生的主动权。而本书可以帮助你快速掌握社交心理学，学会如何处理各种纷繁复杂的人际关系，最终让你能够从容处世。

编著者

2013年4月

深受女性青睐的智慧宝典　影响女性命运的心理智慧

NuRen Yao DuDian XinLiXue

女人要读点心理学

■ 章如庚◎编著

女人生活中的所有纷扰，都能从心理学中找到答案。

女人心灵的负累犹如一扇厚重的门，用心理学的知识打开它，很多问题就将迎刃而解。

中国纺织出版社

内 容 提 要

女人将生活和社交中的困惑和问题放到心理学的鱼缸里看待，都可能变得明了透彻，烦恼自消。

本书阐释了心理学的诸多原理、揭密社交中常见的心理现象，传授诸多心理方面的实用技巧，帮助女性了解自身、洞察人生、解释行为，指导她们在人生的路上运用心理学的知识，早早地开启幸福生活的大门。

图书在版编目（CIP）数据

女人要读点心理学 / 章如庚编著. --北京：中国纺织出版社，2013.9 （2024.4重印）
ISBN 978-7-5064-9894-4

Ⅰ.①女… Ⅱ.①章… Ⅲ.①女性—心理学—通俗读物 Ⅳ.①B844.5-49

中国版本图书馆CIP数据核字（2013）第163064号

策划编辑：闫　星　　责任编辑：曲小月　　责任印制：储志伟

中国纺织出版社出版发行
地址：北京朝阳区百子湾东里A407号楼　邮政编码：100124
邮购电话：010—67004461　传真：010—87155801
http：//www.c-textilep.com
E-mail：faxing@c-textilep.com
北京兰星球彩色印刷有限公司印刷　各地新华书店经销
2013年9月第1版　2024年4月第2次印刷
开本：710×1000　1/16　印张：15.5
字数：210千字　定价：69.80元

目录

第一章 女人破译心理密码——快速提升社交能力

现今社会，并不再是男人的专属，女人们也走出家门，参与社交，积极展现自己的社交风采。然而，不得不承认的是，很多时候，一些女人会产生一些困惑——与人初次见面，难免会遇到不知从何谈起，彼此默不做声的冷场局面。善于社交的女人，可以与对方一见如故，相见恨晚，赢得交际的主动；不善于社交的女人，只能是四目相对，局促无言。而如何恰当地打破这种尴尬场面，就需要你掌握一些破译心理密码的方法，采用不同的社交方式拉近彼此间的距离，进而消除生疏感。

独特、出彩的自我介绍令人印象深刻

在社交活动中，想要结识某人或某些人，而又无人引见，此时可以直接向对方做自我介绍。虽然自我介绍在交流中的时间很短，但一个出彩的自我介绍可以迅速给对方留下美好的印象，从而架起沟通彼此的桥梁。

生活中人们常说："一回生、两回熟。""两回"不难，要说难就难在头"一回"。难在哪儿呢？难在面对的是陌生人，不知该从哪一个话题说起，不知该说什么话，不知说的话会不会让对方听了感觉不悦……这一点困扰着很多渴望拥有良好人际关系的女性。面对陌生人，事实上最难的就是如何通过自我介绍，给对方留下良好的第一印象。而如果我们懂得如何抓住对方的心理，用一番别具特色的语言，一定能够打动对方。

可能也有一些女人认为，自我介绍有什么难的，无非就是"您好，我叫××，很高兴认识你"。但实际上，像这样平淡无奇的介绍，等到下次见面时，对方十有八九会忘记你的名字，甚至根本不记得你这个人。精练的自我介绍，要用精彩的语言展现自己最优秀、最闪光多彩的一面。曾经有个女网友这样介绍自己："每个女人都是为爱而折翼的天使，她们来到人间，就再也回不去天堂了，所以需要男人好好的珍惜。我也是天使，不过降落时不小心脸先着地了，回不去天堂是因为体重的原因。还好，我还有一颗天使的心，善良、仁爱。"人们在捧腹大笑中便不知不觉地把她记住了。

小宋是一名即将毕业的编辑出版专业的大学生，她却已经被一家大的杂志社聘为编辑。

和小宋一起进入面试房间的还有另外两名女孩。

在另外两名女孩介绍完之后，编辑部的面试老师示意让小宋开始做自我介绍。在小宋进行自我介绍时，老师一边听小宋介绍自己，一边翻看着小宋的简历。她介绍完自己后，毛遂自荐道："老师，我可不可以谈一下自己对编辑工作的理解？"

老师一听，倒想看看这个还没毕业的学生有什么特殊的见解，便点了点头，并问"你觉得作为一名编辑最重要的是什么？"

"编辑不光是选稿子、改稿子，我觉得更重要的是对文字的一种敏感……"小宋说。面试老师听完后，连连点头。

而与小宋的自我介绍相比，另外两名女孩的自我介绍太过平淡，最后杂志社决定录用小宋。

小宋的自我介绍是与众不同的，她除了做一般的自我介绍外，还着重表明了自己对编辑工作的理解。从而在三个求职者中脱颖而出，给面试官留下了很好的印象。

那么，与陌生人初次见面时，作为女性，你该如何大方地介绍自己，才能给对方留下好印象呢？

1. 介绍出自己的亮点

亮点就是让别人记住的地方。自我介绍尽管只是简短的一两句话，但吸引别人的也许正是开篇的某个亮点。

2. 注意态度

进行自我介绍，要简洁、清晰、充满自信，态度要自然、亲切、随和，应镇定自若、落落大方、彬彬有礼。既不能唯唯诺诺，也不能虚张声势，轻浮夸张。语气要自然，语速要正常，语音要清晰。

在做自我介绍时，除了突出自己的亮点外，自我介绍还是谦虚低调为

好，免得给别人留下此人爱吹爱侃的第一印象。

单位突然请了一名资深顾问，这名顾问看似成熟，却令小叶很不满。虽然是第一次见面，但这位顾问却突然问小叶："我叫××，有男朋友吗？一定没有吧？你看起来好严肃呀！"还一直问小叶："喂，你叫什么来着？"小叶心想，就算比别人资深，也要顾及自己在别人眼里的第一印象吧！不仅是小叶，单位其他同事也对这位成熟男士没什么好印象。

3. 注意时机

无论在社交场合还是在商务场合，自我介绍都应选择适当的时机。当对方无兴趣、无要求、心情不好，或正在休息、用餐、忙于处理事务时，切忌去打扰，以免尴尬，甚至令对方不快。

4. 注意方法

进行自我介绍，应先向对方点头致意，得到回应后再向对方介绍自己。如果有介绍人在场，自我介绍则被视为不礼貌的行为。

可见，社交场合，记住别人是一门功课，让别人记住则是一门技巧，你值得拥有。

心理小贴士

自我介绍是一门学问。初次与他人交往，要想给对方留下良好的第一印象，自我介绍起着至关重要的作用。从某种意义上说，你的自我介绍是否独特、出彩，关系到彼此间是否能进一步沟通。要把你的每一句话都说到对方心里去，展现出你的交际品质，让对方觉得你是一个有个人风格的人，对你产生良好的印象，也就成功达到了攻克"陌生人心理堡垒"的目的。

为他人的名字做一个特殊的解释

生活中，我们每个人都有自己的名字，名字在很大程度上是一个人的标志和象征。与人初次见面，如果能说出对方的名字，对方一定感到很亲切；而你若能再对对方的名字进行一番剖析，然后给出一个特殊的解释，这样更能拉近彼此之间的距离，因为这满足了对方渴望被人重视的心理。

社交生活中，人与人之间交往能否顺利进行，关键在于我们能否成功攻克对方的心理防线。正因为意识到这一点，很多女性在与人初次交往的过程中，她们往往会发挥她们会说话的优势，在获知对方的名字后，总是能在第一时间叫出来，让对方心生好感；而一些口才好的女性，更能开动她们的脑筋，给对方的名字一个特殊的解释，让对方心生喜悦，最终使对方悦纳自己。

杨鑫是一名化妆品销售人员，她所销售的都是高档化妆品。因此，她的潜在客户都是一些高级白领女性。

这天，她在拜访客户前，看了一下潜在客户的资料，她看到了一个名字“黄轴御”，好特别的一个名字！她接着看了一下客户资料备注，看样子这是一个很难摆平的客户，至今还没有同事做过她的生意。于是，她灵机一动，何不从名字着手呢?

于是，她带着自己的产品出发了。和客户简单寒暄了几句后，对方就表示自己要忙了，杨鑫觉得是时候“出手”了。

“黄总，这样吧，我看您挺忙的，今天就不打扰您了，要不您给我签个字，我回去也好向主管交代，最起码表明我拜访过您了，呵呵。”她想，这样要求，客户应该不会拒绝。

听到她这么说，对方便答应了，在她的客户拜访名单中签下了自己的

名字。接下来，杨鑫趁机说：“咦？这个名字好特别啊。这三个字不就是‘皇后’的意思吗？”

“是吗？怎么讲？”对方好像对杨鑫的这种说法感到很意外。

“您看，‘黄’的谐音是‘皇’，‘轴’本身就有‘最重要’的意思，再加上一个‘御’字，更证明了这一点。想必，您的父母在给你起名字之前，是对您寄予很高的期望的，不过，您现在在贵公司乃至整个广告市场的地位都是举足轻重的。看样子您的父母真的很有远见呢。”杨鑫一口气说了这么多。

听完，对方露出了会心的笑容，这么长时间以来，真的很少有人知道她名字里的含义。于是，她对杨鑫说：“你刚才说你要介绍什么产品来着？”杨鑫知道，她的目的达到了。

这个案例中，推销员杨鑫是如何成功攻破客户的心理防线的呢？起初，客户就像对所有销售员一样，对她表现出不耐烦的情绪。此时，她便借口让客户签名，而给自己找到了一个为客户诠释名字的机会，让客户对她产生好感，从而愿意给她一个机会。

的确，在我们每个人的心里，都希望自己受到别人的重视，而重视自己的名字，就如同看重我们本人一样。生活中，我们每个人都有这样的体会，如果谁能对我们的名字表现出兴趣，那么，我们好像就产生了一种被重视的感觉。

因此，女性在与人打交道的过程中，尤其是初步相识时，如果能说出对方的名字就相当的不错；若再对对方的名字进行恰当的剖析，就更上一层楼了。这需要你从以下两个方面入手。

1. 记住他人的名字

与那些只打过一次交道的人再次见面时，如果你能第一时间叫出对方的名字，对方一定觉得你很亲切，觉得备受尊重，也就更容易对你产生好感。一位学者曾经说过：“一种既简单但又最重要的增加亲密感的方法，就是牢牢记住别人的姓名，并且在下一次见面时叫出对方的姓名。”相反，如果此时，你只是觉得“眼熟”，却叫不出对方的名字，再次向对方请教“贵姓”，双方一定觉得非常尴尬。

而记住对方的名字，需要你用心。爱默生说，礼貌是由一些小小的牺牲组成的。事实上，人们之所以没有记住他人的名字，是因为他们认为这是一件无意义的工作或者根本没有下功夫去记，而且他们还总是会给自己找借口。所以，从现在起，女人们，要想拥有良好的人际关系，不妨从细节做起，就从记住对方的名字开始吧！而如果你没有听清对方的名字，那么，你大可以请求对方重复。

大多数人可能认为，请求对方重复一遍姓名比较难堪。实际上，一个人最珍视的“私有财产”就是自己的名字。如果你能给以哪怕是最细微的注意，对方都会对你产生好感。

2. 为他人的名字做一个特殊的解释

解释他人的名字，需要考验我们对文字的熟悉和掌控能力。具体来说，你可以使用拆字、联想、引申、谐音等方式表达其含义。

比如对一个叫“杨霏”的女孩，你可以谐音地称道：“昔我往矣，杨柳依依；今我来思，雨雪霏霏，想必您是一个性情中人吧。”对一位叫“高山”的朋友，可随口吟出“高山流水，人生得一知己足矣，我希望自己能成为那‘流水’”，或者用一种算命者的口吻剖析其姓名，引出大富大贵、前途无量之类的话，这也未尝不可。

心理小贴士

我们每个人都有名字，虽然日常生活中我们常说名字只是一个称呼，但其实我们每个人都分外在乎他人是否能记住自己的名字。因此，适当地围绕对方的姓名来称道对方，不失为一种好的社交方式。

调味品效应：人际交往往往是从"废话"开始的

任何一场谈话，都有主题。但在进入主题之前，若没有一个心理缓冲的过程，便显得很突兀。而"废话"或"闲聊"若运用得当，就能起到调节交谈气氛的作用，可以让交谈双方的神经放松，有利于双方的进一步交流。

现今社会，人际关系的重要性尤为重要。同样，一个女人，会不会社交，也在一定程度上决定了她的生存状况。然而，的确，不管以何种形式、有何种目的，无论是商务洽谈，还是朋友聚会，一般都不会立即进入主题，而是有一段时间的"热身运动"。而事实上，不少女性在参与社交的过程中，往往会忽视这一段时间里沟通的重要作用。因为人们对于这段时间内的交谈，都是比较放松而没有戒备心的。如果我们能趁此机会对方的潜意识，那么，接下来的会谈肯定会进行得更愉快，我们的交谈目的也就更容易达到。

因此，在人际交往心理学中，人们把看似废话的"调味品"却能起到增加人们心理交融作用的现象，称之为"调味品效应"。

玲玲是一名健康推广员。这一天，她来到某小区，根据资料，她准备敲开一位客户的门。开门的是个阿姨，开门时，阿姨手上还在择菜。这位推销员就顺口问："阿姨，今儿这芹菜是什么价儿啊？"

"都××元一斤了，又涨价了，一到冬天就这样，你说我这么点儿退休工资，都不够养活我自己了。"

"是啊，我们这些年轻人不爱自己做饭，所以这菜价还真不知道。不过自己做饭，比在外面吃健康多了。您听说过"地沟油"这词儿吧？想想就胆战心惊啊！"

"听过啊，我这老婆子做的饭虽然没有饭店的好吃，但至少干净卫生

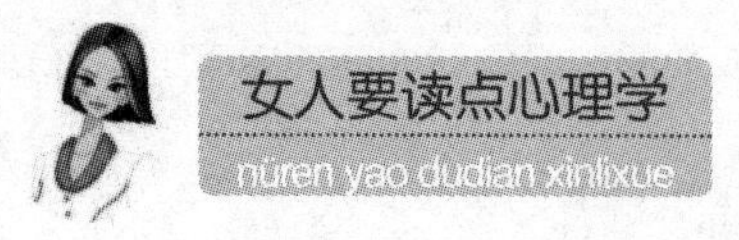

啊，我也经常跟我儿子儿媳说回家来吃饭，他们就是不愿意回来，总是说耽误时间……”

“阿姨，这墙上那照片是您儿子吧，看上去真英俊，一定是个知识分子，相信阿姨一定是个教子有方的好妈妈。”

“我儿子在××大学当教授，他从小就热爱学习，到现在也还是不忘读书，平时都在学校，只是周末才回来……”

就这样，玲玲和老太太就教育上的一些问题聊了很长时间，后来，玲玲说：“阿姨，您看，和您聊这么久，我居然忘了今天来这儿的目的了，不知道您还记不记的，上周六在中山公园，您填了一张健康卡？”

“对呀。”“您真是很幸运，几百人中抽中了您，所以您将免费获得一张价值100元的健康检测卡，您好像在卡片上填了您有高血压，我们的仪器也主要是检测心脑血管方面情况的。常检查，做好预防，不但可以省去很多的治疗费用，更可以给您的儿子省去很多麻烦。您要是有时间，这几天就去我们公司看看，检测一下您的身体状况，您看怎么样？”

“嗯，你说得对，我一定得注意健康，不然我儿子在外面工作也不放心啊，我这周末就去。”

这则故事中，我们发现，玲玲是个善于与人打交道的人。刚开始，她虽然和老太太聊了很多“废话”，既聊到菜价，又聊到教育。但正是这些“废话”，打消了老太太的防备心，为她后来的成功推销奠定了基础。

因此，聪明的女人在人际交往中，往往都会重视先与人联络感情，多说些“废话”，加深感情。当然，根据调味品效应，说废话也要讲究一定的策略，主要包括以下两个方面。

1. 多强调你们之间的共同爱好和兴趣

若与对方有共同点，就算再细微的也要强调。人与人之间一旦有了共同点，就可以很快地消除彼此间的陌生感，产生亲近的感觉。这样不但可以使对方感到轻松，同时也能让对方在不知不觉中说出真心话。

如果对方喜欢足球，那么，你可以对对方说：“我从小学时就羡慕那

些足球场上的男孩，可以尽情地奔跑，潇洒地挥汗如雨，我也想过和男孩一起踢足球，但随着自己慢慢长大，碍于面子，一直没有踢过。您平时经常踢球吗？”如果对方对护肤感兴趣，那么，你要设法去了解她对护肤的心得，以及用什么品牌的护肤品等。如此一来，当你在跟对方沟通时就不怕没有话题，也比较容易拉近关系。

2. 多关心对方，从细节入手

要知道，认同感的产生，表明你已经赢得了客户的好感。通常情况下，如果你将这种好感搁浅，你们会渐渐返回到陌生人的状态。因此，你不妨多关心对方，这种关系自然会深化。

当然，赢得对方好感的方法还有很多，只要我们做一个有心人，便可以做到！

心理小贴士

通常来说，人们在接触到陌生人时，通常都是抱有一定程度的防备心态的。如果我们在正式交往之前先做个“热身运动”，向对方表达与之共同的爱好、兴趣或者价值观等，那么，便更容易获得对方的好感，而接下来的交流也就容易得多。

交际氛围定律：小幽默更能带动和调节交际氛围

生活中，无论在任何交际场合，人们都讨厌沉闷的氛围，而喜欢轻松的气氛。这是人们共有的心理。而幽默是一种特殊的情绪表现，它能降低人的心里戒备，缓和紧张的气氛。它是促进人与人之间积极交往的有力推动器。

生活中，无论是新朋友还是老同事、老同学，一见面，如果找不到共同话题，多少都会使气氛显得沉闷。在沉闷的氛围里，人容易紧张，这时做什么事都会觉得不自在，这样不利于交往以及问题的解决。所以摆脱沉闷的气氛无疑将会推动友谊的加深、情感的发展以及问题的解决。用一个小笑话、一句恰到好处的幽默快语来调节一下此刻的氛围，对摆脱沉闷、促进交流无疑是不错的选择。

俄国文学家契诃夫曾这样说过："不懂得开玩笑的人，是没有希望的人。"幽默可以淡化人的消极情绪，带来希望和快乐。具有幽默感的人，生活充满情趣，许多看来令人痛苦烦恼之事，他们却应付得轻松自如。

而其实，幽默不是男人的专利，只要把握适度，女性也同样可以在适当的时候"幽默一把"。曾有个女孩，来到一家皮货店挑选帽子，她看到一款兔皮帽子很特别，便对女老板说："这顶白色兔皮帽子我简直是太喜欢了，但不知道兔皮是否怕雨?"女老板回答道："当然不怕喽！您什么时候见过打着雨伞的兔子?"

听完这个小故事，你是否也会开怀一笑？其实这就是幽默的妙处所在。心理学上有一个"交际氛围定律"，说的是人们在交际时，如果能营造点儿氛围，给交际加点儿"润滑油"，交际就能够非常顺利进行下去。

女人们，估计你也有过这样的体会，在疲劳的旅途上，或焦急的等待中，一句幽默，一个风趣故事，常常能使你笑逐颜开，疲劳顿消。

工作日的某个早上，某一站公交车上来一堆人。其中一前一后两个人，前面一个年轻人，后面一个老头儿。可能老头儿在后面动作幅度过大，弄痛了年轻人。年轻人站的姿势有点儿不舒服，就建议老头儿稍微挪动一下。没想到这位老头儿火气很大，扯着嗓门大骂："一个毛头小子，还乳臭未干呢，怎么你爸妈没教你要尊重老人？为什么要我动？"年轻人也不甘示弱，回了一句："你这个人讲不讲文明？"这下子，矛盾激化

了。老头儿一发不可收拾，叽里呱啦骂了一大堆。周围的人都劝年轻人要大度点儿，不要和老人计较。小伙子脾气还算不错，后来就没吭声，大家安静了片刻。

过了一会儿，老头子要死要活地从小伙子后面挤上来，一边挤一边抱怨，“门口堵着就文明啦？不走进去才叫不文明……”于是两人又开始吵吵起来。周围劝架的声音是不少，但是没什么用，反而更是火上浇油。

这时一位女乘客说：“哎哟，你们两个不要吵了。我站在你们中间，你们俩你一句我一句，我在中间吃你们的唾沫星子都吃饱了。”

这位女乘客的一句玩笑话，既没有表明对谁偏袒，又说出了他们吵架的不良影响，话中有理，逗得满车的人大笑，在笑声中争吵双方渐渐缓和下来，不再争吵。类似的例子在生活中不在少数。女人们，无论你是否是事件的当事人，都可以借助幽默的方法，当双方火药味正浓的时候，你不妨站出来，说一句轻松幽默的话，让双方都暂时忘记矛盾，被你的幽默吸引，被你的幽默感折服。

可见，幽默不仅可以打除沉闷的气氛，还可以消除紧张，缓解人的压力，提高生活的品质。它可以把我们从个人的体壳中拉出来，使我们在和他人相处时不至于紧张；它可以化解冰霜，使我们获得益友；它还可以使我们精神振奋，信心倍增，使我们忘却许多不愉快的事情。

总之，幽默是一种智慧的表现，它必须建立在丰富知识的基础上。幽默感并非天生，你可以通过平时有意识的学习和运用来提升自己幽默的能力。作为新时代的女性，应该做到广泛涉猎，充实自我，不断从生活或实践中学习和感悟，从而让幽默成为一种习惯，帮助你实现轻松社交！

心理小贴士

从人的心理角度看，在和谐、轻松的交际氛围中，人们更乐于交流。美国著名大众心理学家特鲁赫伯说过：“幽默是一种最有趣、最有感染力、最具有普遍意义的传递艺术。”幽默能使社交气氛轻松、融洽，利于交流。

通过“中间人”，让关系更融洽

在人际交往中，如果你希望结交某人，或者希望与对方的交流更有效率，你可以提一提你们共同认识的某个“中间人”，或者请求中间人“介绍”。因为我们在心理上比较容易接受熟识的人的观点或建议，这在心理学上称为“同胞意识”。

不可否认，在以关系为本位的中国社会，在求职、升官、解决难题、争取权力等方面，如果条件允许，应充分利用关系。新时代的女人们，也早已认识到社交生活的重要性，任何一个女人，单打独斗都不可能取得成功，女人天生都是优秀的交际家。而如何和陌生人拉近关系呢？其中一个重要的方法就是“中间人介绍法”。比如，饭桌上，面对自己不认识的人，如果你有结交的欲望，但却不知如何打破沉默。此时，你不妨让饭局的主办人来为你们引荐。这一方法其实就是社会学中的熟识与喜爱原理。该原理的意思是说，人们总是愿意答应自己熟识与喜爱的人提出的要求。也就是说，通过中间人，我们能与陌生人的关系更加融洽。

我们先来看下面一个故事：

曾经是财务专业第一名的小刘大学毕业后，并没有去大城市工作，而是回到家乡的一所中学教数学。在她看来，女孩子就是要安安稳稳的。但时间一长，她发现，真做起老师才觉得心有不甘。但已经毕业几年的她已经是求教无门，英雄无用武之地。她在县城有个好姐妹小张，一到周末，她就会去看她的姐妹，找她聊聊天，以排解心中的不快。

这一天，她又来到小张家，看见有客人在，正准备走，小张却说“你们俩都是我同学，一个高中同学，一个大学同学，既然来了，就一起玩玩，干吗走呢？”小刘经过了解，才知道，原来那位同学是省城物价局的局长。两人在小张的介绍下，开始进行交谈，相互认识和了解，以至变得熟识起来。

后来，这位局长发现小刘心中的苦闷后，答应要帮小刘的忙。而小刘，现在已经是一家外企的财务部部长了。

这位物价局局长就是小刘命中的贵人，他改变了小刘的命运；而小刘的那位同学，却是对小刘起到间接帮助作用的贵人。虽说小刘的成功是一个无意中的机缘，但这却告诉那些苦苦追寻不到人生机遇的年轻人，善于利用“中间”人的关系，你也可以遇到生命中的贵人。

因此，现代社会，聪明的女人，你一定要重视关系的作用，并努力寻求各种关系帮自己达到目的。如果你有求于某人，而与之并没有交情，你可以请你熟识的中间人帮你引见。如你的亲属、朋友、上级、老同学、同乡无法帮助你，你可以选择让他们的亲属、老乡……等帮助你，而这中间，就需要有个介绍人。此时，你就需要反过来与你的这些朋友、上级、同学等搞好关系，这又考验你平时处理人关系的能力，切不可“临时抱佛脚”。另外，你需要了解你周围的朋友、同学等，尽量也了解他们的社交圈子，通过他们为你引见。这样，你的人际关系网会越结越大，能帮助你的贵人也就越来越多。

那么，具体来说，社交生活中，女人们，你该如何利用中间人，来成功攻破人心、赢得信任、达成目的呢？

1. 表明自己和“中间人”的关系

比如，一般来说，“中间人”会告诉对方：“这位是××，是我的大学同学。”然后再告诉另外一方：“这位是××，是从小和我一起长大的哥们儿。”当双方彼此都了解了与“中间人”的关系后，交流时就心中有数了。

2. 让“中间人”指出双方的共同点，为双方制造话题

与人交谈遇到的第一道关卡便是谈什么，即选择什么话题。有了共同话题，就能使谈话融洽自如。共同话题，是初步交谈的媒介、深入细谈的基础、纵情畅谈的开端。但话题的选择不能一厢情愿，因为交谈是双方的。而对于初次交谈的陌生人，找到共同的话题至关重要。

如果你希望能和陌生人聊得投机，还少不了“中间人”的帮忙。在“中间人”简单地介绍完彼此之后，还可以让中间人进一步介绍彼此：“今天我把你们一起请来真是明智之举，因为你们都对古代文学颇有研究，相信你们能一起切磋切磋。”这样一说，对方自然对彼此有更深的了解了，而更重要的是，双方的共同话题有助于加深彼此间的感情。

3. 切记不能过于急功近利

谈话内容一定要有弹性，不要硬性表明自己的目的。因为重要的不是你做了什么，而是人们对你的这种方式是否接受。

心理小贴士

生活中，人们都有同胞意识，更愿意接受熟人的意见。因此，社交生活中，请求“中间人”的帮助或者适当提及“中间人”，都有利于消除彼此间的隔阂和陌生感。一旦有了认同感，再加上交谈时诚恳、热情的态度、语言以及双方表现出的对共同话题的勃勃兴致，和谐的交际气氛也就自然而然地创造出来了。

坐向效应：交谈尽量不要面对面

人际交往中，很多时候，我们会选择坐下来交谈，但心理学上的坐向效应告诉我们，在交谈时尽量不要面对面，以免给对方造成压迫感和不自由感。

生活中的女人们，你是否有这样的经历：孩子做错了事，你原本想坐下来与其平心静气地谈谈，但孩子却只是一味地低着头，不敢看你的眼睛，使得沟通无法进行？相亲过程中，你原本想将自己最好的一面展示给对方，但正坐在你对面的对方却给你一种很强的压力感以至于最后你不知从何说起？还有一点，你是否发现，在法庭上，法官与犯罪嫌疑人之间毫无障碍物，这样更加凸显法官的威严，犯罪嫌疑人不由得心生畏惧。这些都是为什么呢？

心理学家分析，这是因为人与人之间相对而坐时，会产生一种压迫感、不自由感——这是由正面直视的视觉感受造成的。即使不是有意凝视对方，视线强烈也会具有一种直刺对方心理的攻击性。这种面对面的坐向，容易造成双方紧张对立的关系。反过来说，两人并排而坐或斜向而坐时，容易产生紧密关系。这在心理学上称为坐向效应。

由此可知，人际交往中，聪明的女人们，如果你希望拉近彼此间的心理距离，就尽量不要和对方面对面而坐。坐在对方的侧面，可以减少紧张与尴尬，更容易形成亲密的氛围。

杨芬最近遇到了一件令人苦恼的事，她和自己相恋五年的男友已经开始商量结婚了，但男方父母却好像对自己并不满意，对于婚礼之事也迟迟不提，这让杨芬感到很沮丧。这天，她把自己的苦恼告诉了自己的好姐妹陈曦，这是个学识丰富、聪明的女孩。

“你知道他们为什么对你不满意吗？”陈曦问杨芬。

“不知道，我想应该是觉得我没有他们家儿子优秀吧。”

“那你是怎么打算的？”

“大不了不结婚呗，不过话又说回来，凌风这个人不错，五年来，他一直很照顾我。如果不是他爸妈的原因，兴许我们早就结婚了。”杨芬实话实说。

“也就是说，你是想和凌风结婚的，对吧？”

“嗯，是的。”

“那我觉得，你该打一场持久战了，他的爸妈不喜欢你，你就要改变他们的看法。”

“可是我该怎么做呢？”

“做人家儿媳妇，当然要孝顺、体贴，但现在你要做的，是要让他们不讨厌你。对了，我问你，以前你和他父母见面时都是在什么地方，座位都是怎样安排的？”这一系列问题把杨芬问傻了。

“一共就见过两次，一次是在凌风公司碰到的，我和他母亲在会议室说了会儿话；还有一次是在一个四星级饭店，当时都是面对面坐的，我觉得这样显得正式一些，怎么，哪里不对吗？”

“哎呀，当然不对了，你是与人家父母联络感情的，又不是去谈判的，座位的选择很重要。面对面坐，对方心理压力大，即使人家不讨厌你，但至少你的气场也会让对方感到不舒服。下次别这样了，尽量坐在他们的侧面，记住了吗？”虽然杨芬不大明白陈曦说的是什么意思，但她还是记下了这些话。

后来，在男朋友凌风设的饭局上，杨芬想起了陈曦的话，便刻意把座位安排在了凌风母亲的右手边上。说来也奇怪，那次之后，凌风的母亲居然会主动打电话给她了。

这个故事就是坐向效应的典型体现。

女人们，你是否发现，当你与某人吵架或者争辩时，你会不自觉地站在对方的对面。这种面对面的坐向，容易造成紧张、对立的关系。其实，

这也是坐向效应的反面应用。

反过来，社交生活中，如果你希望减少对立，加深彼此关系，就应该学会利用这一效应安排座位。比如，我们在教育孩子时，如果要帮助他（她）分析原因，并增强他（她）战胜困难的信心，那就要横向或倾斜交叉坐在他（她）身旁，给他（她）温暖的亲情感受。但如果觉得孩子的某种行为实在太恶劣，而孩子又可能不服从，你必须对他（她）严厉批评时，那就要面对面地坐，表情严肃，注视他（她）的眼睛，语气坚定，让他（她）有些压力感，促使他（她）立刻停止不良行为并深刻反省。

心理小贴士

产生坐向效应，是因为相对而坐，会产生一种自然的压迫感，不自由感。这是由正面直视的视觉“感受”而造成的。即使不是有意凝视对方，由于彼此正面相对，视线强烈，也会有一种直刺对方心理的攻击性。

共同点让彼此交流更愉快

一般情况下，人们有这样一种心理倾向，即使他（她）是一个对对方抱有戒心的人，一旦发现与对方有某些共同点，对对方的戒心就会减轻甚至完全消除。这就是投其所好。因此，人际交往中，投其所好，多挖掘共同点，彼此的交流会更愉快。

你肯定有过这样的经历：曾经，在某个场合，你和某个陌生人闲聊，

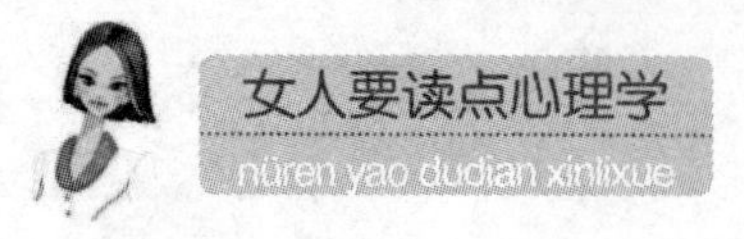

却发现你们曾经是一个中学毕业的，或者祖籍是同一个地方，再或者是同一个专业毕业的，此前的戒备心就会在很短的时间内消失，气氛会随之融洽起来。社交生活中，每个聪明的女人都应该掌握这一攻破人心的方法。你要想和陌生人一见如故，关键要在初次见面的交谈上下功夫。与人交谈，你必须在拉近心理距离上下功夫，力求在短时间内了解得多些，才能在感情上融洽起来。孔子说："道不同，不相为谋"，志同道合，才能谈得拢，有共鸣才能使谈话更加融洽自如。

两个女孩同坐一趟火车，两个人都觉得时间漫长，无聊至极。于是，女孩甲主动打破沉默，对女孩乙说："您好，您去哪里啊？"

听到对方主动开口，女孩乙回答："我去南京，你呢？"

甲："这么巧啊，我也是，那你去南京做什么？"

乙："我去看男朋友，国庆放假有时间，就去看看他。你呢？"

甲："我家在南京，我在上海读书，国庆放假回家看看。"

乙："你在上海读书，我也是啊，你在哪个学校读书？"

甲："上海财经大学。"

乙："不是吧，这么巧啊，我们居然是校友，上海财经大学真是太大了，我以前都没见过你……"就这样，两个人就所读的同一所大学聊开了，聊得热火朝天，接着就是互留电话，下车后，两人还一起进餐。从此，两人变成了好朋友。

这两个女孩从相识到最终成为好朋友，就是因为她们有很多共同点。她们的目的地都是南京，而最重要的是，她们居然发现彼此在同一所学校。当彼此发现了这一点后，恐怕真有"相见恨晚"、"真是缘分"的感觉，这就是一种惺惺相惜的心理磁场。当这种心理磁场存在后，即使是陌生人，也能很快对彼此产生兴趣，打破沉默；相反，如果我们在与人交际的时候，不从彼此之间的共同点入手，即使再有结识的欲望，也会无话可讲，或讲一两句就"卡壳"。

那么，我们该怎样与初次交往的人拉近距离呢？

1. 主动沟通，表现女性友好亲切的社交品质

在一些初次见面或只见过几次面的陌生人之间，如何拉近彼此间的距离是社交生活中的常见问题。要做到这一点，就必须尽快地表现出你的友好和随和，努力让对方产生亲切感。

生活中，有些女人总是有担心自己不善言辞，生怕因此招来冷落或者别人的嘲笑。于是，她们一般选择沉默。但其实这种担心完全没有必要，一个人的社交态度才是最重要的。即使你不善言辞，但你热情的态度同样会打动对方。

2. 努力创造一种轻松愉快的气氛

在与陌生人交往的时候，要尽力让对方感到轻松自在。首先，你要从自我做起，谈话要直率而坦然，使对方不感到拘谨。尤其是对那些比较害羞，很不习惯于同陌生人谈话的人，语言要随和。

3. 寻找共同话题

这就要求你善于观察。一个人的心理状态、性格、爱好乃至精神追求等，都或多或少地会在他们的表情、服饰、谈吐、举止等方面有所体现。只要你善于观察，就一定会发现你们的共同点。除此之外，我们还要学会揣摩、分析，因为对方很多信息都隐匿在交谈的话语中，发展到细细分析才会有所察觉。

4. 以好感为起点，让彼此之间的心理场更加稳固

与人交往，找出共同话题，建立好感并不是什么难事，但要将彼此之间的关系发展到更深一层次，就取决于你的社交水平了。因为发现共同点只是谈话的初级阶段所需要的，而你要做的是巩固、加深彼此间的关系。

比如，你可以记住对方“特别的日子”（如结婚纪念日、生日等），然后在这个日子送上一份祝福；还可以经常约对方出来见面，因为见面时间长不如见面次数多，你给对方留下的好印象将会以见面次数的累加而逐渐累加起来。

心理小贴士

事实上，任何两个初次见面的人，都处于一定的心理戒备状态，彼此之间都会存在心理距离。而社交的根本目的也就在于打破这种心理隔膜，建立友谊，进而达到更深层次的交际目的。而如何拉近彼此之间的距离，最重要的一点就是我们要懂得投其所好，制造出惺惺相惜的心理磁场，从而达成一种心理认同感。

巧借吃饭喝茶与人交流

人们在吃饭喝茶时，随着胃部食物的逐渐增多，对外界的人和事的抵触程度会降低。可能你的要求会令人有些难以接受，在“茶”足饭饱之后，对方一般都会尽量接受的。当你遇到了固执的对手，不妨请他吃饭，或让他闻闻咖啡的香味吧。

我们可以发现，中国人无论办什么事，都离不开饭桌酒桌：求人办事要请客吃饭，升官发财要请客吃饭，婚丧嫁娶要请客吃饭……但凡涉及社交，就离不开请客吃饭。的确，很多时候，人们对于食物是没有抵抗力的。因此，聪明的女人们，如果你想求人办事，想说服他人，人际关系陷入僵局或遭遇生意瓶颈的时候，也不妨换一种解决方法，那就是请客吃饭。因为“吃饭”是特别亲和、特别让人放松的形式。三杯水酒下肚，便化干戈为玉帛；饭桌上我们表现得体，依然可以改变对方对我们的坏印象；只要对方答应我们的邀约，求人办事也就成功了一半。

小张是个机灵可爱的姑娘，她来现在的单位实习已经有一段日子了，人际关系还不错。但是有一次，她却因为一件小事，与单位的老员工周大姐起了冲突。自从这件事后，小张便与周大姐拉开了距离，即使碰面，也不打招呼。看到二人关系紧张，好心的同事王姐对小张说："你这孩子怎么这么不懂事啊，人家毕竟是前辈，你应该主动和好啊，不然以后抬头不见低头见，你怎么办？你还有很多事要请教她呢！"

王姐说得对，但小张也是束手无策，不知道怎么改善与周大姐之间的关系，便问道："可是，我该怎么做呢？"

"很简单，请她吃饭啊，只要她愿意去，你们之间的矛盾自然也就化解了。"

"是啊，我怎么没想到呢？"小张高兴地说。

后来，小张给周大姐发了一封邮件，内容是，"今天我刚从老家回来，带了一些家乡特产的腊肉，今天晚上我要做顿家乡菜。听说您也喜欢吃腊肉，我想请您今晚来我家吃顿家常便饭，不知您是否有空？"周大姐才恍然想起，半年前两人一起吃饭时，小张曾说过"我们家乡的腊肉，味道棒极了"。而周大姐当时随口开玩笑说："既然这样，等你回老家探亲时带些腊肉过来，也做顿给我吃吧。"实际上，这只是她的一句玩笑话，说完也就忘了。到了现在，小张这样郑重其事地邀请自己，周大姐此时便感动得不得了。

当天晚上，从不喝酒的小张和周大姐都喝了不少，借着酒劲儿，她们把心里的疙瘩都解开了，两人间的心理距离随即大大缩短了。

这里，小张和周大姐之间的关系的改善，便得益于这次饭局。另外，小张是聪明的，她请客吃饭，找了个很好的理由，那就是半年前周大姐的一次无心之语，而正因为她记住了这句无心之语，才更让对方感动。

因此，生活中的女人们，从现在开始，如果你想改善现状，就不妨请对方吃饭或者喝茶吧。你可以一展自己的厨艺，大大满足对方的胃；也可以亲手烘焙一些小点心，送给对方；如果这些你都不会，那么，没关系，花点钱、花点心思准备吧！

当然，请人吃饭、喝茶，你还需要考虑很多其他问题，这些细节问题包括以下几个方面。

1. 根据具体的情况，选择不同的形式

如果是生意场合，那么，最好请对方吃饭、喝酒，并且，不能表现得太小气；如果是接待重要人物，就更需要注意宴会的档次，因为一旦招待不周，不但不能缓和现状，还会事与愿违，使情况更糟。

而如果谈判的地方是你的公司，或就在你的办公室，那就请对方喝茶或吃点心，比如蛋糕。这样，就能减少对方说出反对意见的机会，你在陈述意见时就不会出现太多的反对言论。

2. 表达重视

无论出于何种目的的吃饭、喝茶，我们都要表达自己对对方的的尊重。因此，我们需要注意自己的一言一行。要知道，我们的每一个细微的动作、说过的每一句话都会成为对方评价我们的标准。因此，如果我们想要给别人留下一个好印象，我们就一定要注意餐桌上的礼仪，比如就请客吃饭而言，在“排坐次”上，凡是饭局都有主座，主座是指正对门口中央位置的座位。主座一定要让客人来坐。

心理小贴士

人们在吃饭时，会变得非常宽容。一起吃饭喝茶是笼络人心的重要策略。因此，你可以掌握这一攻破人心的方法。当对方吃了你的食物时，你就可以大胆开口了，即使他原本反对的事，他也可能会改变初衷。

第二章 女人玩转心理效应——洞悉他人的心理秘密

生活中，我们常常听到“心理效应”一词，它是指由于某种人物或事物的行为或作用，引起其他人或事物产生相应变化的因果反应或连锁反应，是社会生活中较为常见的心理现象和规律。心理效应常常同时具有积极和消极两个方面的意义。因此，每一个渴望在人际交往中如鱼得水的女人，都应该正确地认识、掌握并利用心理效应。不同的人际互动情境，有各种独特有效的心理策略。只要你能巧妙地运用各种神奇的心理效应，就能聚拢人心、化解冲突，从而让你的个人魅力与影响力得到最好的发挥。

首因效应：完美的第一印象至关重要

在人际交往当中，当别人给你留下的第一印象良好时，在接下来的接触中你会觉得他（她）什么都好；相反，如果别人给你留下的第一印象不好时，你可能时时处处看他不顺眼。这就是心理学上所说的首因效应。

在生活中，我们每个人不知不觉都会对“第一”有特殊的感情，或者说对“第一”情有独钟。比如，你会记住第一任老师，第一天上班、第一个恋人等，但对“第二”就没有什么深刻的印象。而这，就是心理学上常说的“首因效应”的表现。同样，“首因效应”也适用于社交活动中。给别人留下良好的第一印象，才能在社交中通过影响对方的潜意识，来达到我们的交际目的。因此，在社交生活中，作为女人，你需要记住，完美的第一印象至关重要。

心理学家研究表明：在人际交往过程中，第一时间留下的印象非常重要，与一个人初次会面，45秒钟内就能产生第一印象。这一最初的印象对他人的社会知觉会产生较强的影响，并且在对方的头脑中形成并占据着主导地位。一般情况下，一个人的体态、姿势、谈吐、衣着打扮等都在一定程度上反映出这个人的内在素养和其他个性特征。

大学毕业之后，小西也像其他同龄女孩一样，带着简历四处求职。可是一直都没有找到合适的岗位。在朋友的建议之下，她在网上试着寻找机会。无意中，她看到一个非常大的企业在招聘秘书，于是满怀信心地投了一份简历。

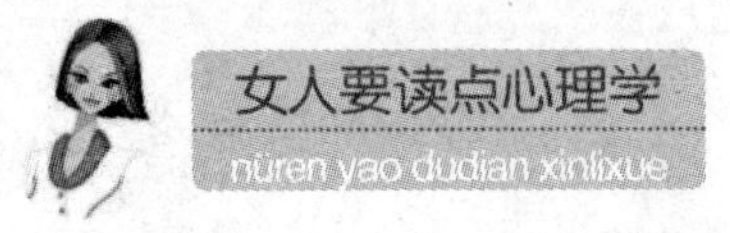

第二天一大早，小西便接到了企业人力资源部打来的面试通知电话。这着实让她兴奋不已。按照对方要求的面试时间，小西早早地赶到了。面试在一个小会议室里举行，参加面试的一共有10个应聘者。公司的大小领导10余人坐在一边倾听。

面试开始后，对方给每个面试者5分钟的时间，让他们做一个竞聘演讲。小西心里暗暗窃喜，因为她在学校担任过学生会的主席，演讲对她来说是轻车熟路。因此，当轮到她的时候，她自信满满地走了上去。

5分钟的时间，她简单地做了自我介绍；然后又聊了自己对秘书这个职位的理解和认识；最后说自己如果能赢得这个职位，将如何把做工作做好等。等她昂首挺胸地走下去的时候，在场的领导都频频点头。

再看看别的面试者，要么就是紧张得语无伦次，要么就是气若游丝，如蚊子叫。看到这些，小西相信自己一定会赢得这个职位。果然不出她所料，面试后的第三天，她接到了上班的通知。

如愿以偿地当上了企业的秘书之后，小西果然尽职尽责，将公司的事务打理得有条不紊，深得总经理的青睐。可是上班刚刚两个月，她的秘书生涯就结束了。原来她被董事长调到总部去做行政总监了。

在那次面试的时候，董事长也在，小西的卓越表现给董事长留下了极其深刻的印象。董事长觉得以小西的才华和能力做一个秘书实在是太屈才了。所以，当总部的行政总监离开时，董事长第一个想到的就是小西。

就这样，没有多少工作经历的小西就这么顺利地当上了知名企业的行政总监，而且她在这个岗位上做得有声有色。这一切完全得益于她在面试的时候的卓越表现，给董事长留下了良好的第一印象。

故事中的小西因为在就职竞聘中的卓越表现，给董事长留下了良好的第一印象，因此被董事长破格提拔为行政总监。

可见，要想在人际交往中被人接纳和肯定，那么就要给别人留下完美的第一印象，这在很大程度上影响着你的交际。那么，具体说来，作为女

性，该怎样利用好这一效应呢?

1. 注意穿着打扮，塑造美好气质

对很多人来说，良好的气质是给别人留下美好第一印象的前提。因为引起别人关注的首先是外在的表现。

作为女性，要充分展现自己在穿着打扮上的优势，将自己的气质塑造出来。当然，选择衣服时一定要注意适合自己的整体形象，而不仅仅是考虑肥瘦长短。这样当你的穿着打扮到位了之后，你的美好气质自然就展现出来了。

2. 不要矫揉造作，表达大方而自信

有些女人在社交生活中总是表现得过于羞涩、胆小，需要她表现的时候，扭扭捏捏，让人觉得矫揉造作。这样的女人往往难登大雅之堂，也不会给别人留下良好的印象。相反，大方自信的女人往往更能赢得别人的喜欢和欣赏。因此，第一次与人见面，你不妨大方一些，自信一些。让别人因为你的大方和自信而对你充满好感。

3. 懂些社交礼仪，更显知书而达理

懂礼仪的女人更吸引人。因此，你要让别人看到你知书达理的一面。不可否认，人们一般都比较喜欢和欣赏漂亮的女人，但是懂礼仪更能赢得别人的青睐，赢得别人的好感。

心理小贴士

事实证明，第一印象是难以改变的。“首因效应”，就是说人们根据最初获得的信息所形成的印象不易改变，甚至会左右对后来获得的新信息的解释。

近因效应：不良印象要尽快消除

社交中，如果给对方的第一印象不够好，或者在双方的交往中曾遇到了不快，我们应该巧妙地运用“近因效应”，在最后时刻，挽回局面，达成谅解，给对方留下好印象。

在人际交往中，人们往往比较重视“首因效应”，而忽视甚至对“近因效应”一无所知。事实上，在人际交往中，“近因效应”与“首因效应”同样重要。心理学上认为，能强留在人的记忆中的，是最初的最后的记忆，也就是说，第一印象固然重要，但随着交往的深入，印象也会逐渐发生改变。一连串的事件的不同阶段，被接受的印象有很大差异，只有最初和最后印象深刻。

近因效应在我们的现实生活中是常见的。细心的女人们，你是否曾看到过：两个好朋友为一点意见，误会而翻脸甚至断交；常年来往，亲密得不分彼此的两个家庭，为一件小事而闹矛盾，甚至大动干戈，从此断绝来往。而产生这类现象的原因之一，就是受到近因效应的影响。

然而，我们不得不承认的是，很多女人却忽视了近因效应，导致了人际交往虎头蛇尾，给别人的最终印象很差，这样的事例数见不鲜。

小李是个有干劲的女孩，才二十几岁的她已经进入了一家大型企业，业务做得也是有声有色，公司领导也很信任她。

一次，领导将一个大的单子交给了她，让她务必拿下。这是一笔外包业务，对这样的大企业来说，如果能拿下这笔业务，公司可以获得一笔很大很稳定的现金流。

为此，小李将全部精力都投入了前期的准备工作。因为认真负责，对方对小李还是留下了非常好的印象，接下来的洽谈工作也很顺利。但就在准备签合同的最后一天，却出现了一些细节上的问题。

对方负责人告诉小李，他们暂时还不能做主，需要向上面请示之后再做决定。小李心想，这也是情理之中的事，于是，她满口答应了。

就这样，一天过去了，两天过去了，一周、一个月过去了，对方还是没有回信。最后已经按捺不住的小李主动打电话过去问，一个在该公司工作的朋友告诉她，事情已经黄了。小李追问原因才知道，问题出在最后那天她穿的丝袜上。

原来，当天，小李在坐出租车来公司的路上，一不小心丝袜被路边的一个铁丝划破了，而小李并没有注意到这一点。不巧的是，对方负责人是个细心的人，他发现了小李在着装上的不妥，便想，一个不注重细节的人，她所在的公司肯定也好不到哪里去，而对方外包的可不是别的，而是精密仪器的零配件！

故事中，小李之所以让一笔大单子与自己擦肩而过，是因为她的表现太虎头蛇尾了。这告诉所有女人们，首尾同样重要，你不仅要在开头表现好，在最后阶段的表现同样也很重要，有始有终，才能真正达到交际的目的。

所以，在与人交际的过程中，任何一个女人，都要善于运用一些心理策略，充分利用首因效应和近因效应，两者都要重视，才能让别人真正喜欢我们。而假若你给对方的第一印象并不好，你一定要尽快消除，具体来说，有以下两种策略。

1. 尝试沟通

即使你带给别人的第一印象不好，也不要因此忧心忡忡。只要你能尝试多沟通，不动声色地表现自己良好的一面，就能让他人对你产生进一步的了解，就能化解误会，重新建立别人对你的好印象。

2. 注重后期维护

在沟通后，你更要注重持续的维护工作。绝对不能让人觉得你的热情只有三分钟热度。因此，人们往往更记得和喜欢经常保持联系、维持关系的人。

因此，你不妨平时打个电话，偶尔送个小礼物，有时间互相走动一下。由于是一直处在交往的状态，在有需要帮助时提出请求就不显得突兀了。反而那些刚认识时很热情，事后长时间不联系，有需要帮助时突然又找上门来的人，会让人们觉得自己像是被利用了。每个人难免产生抵触心理：我不是你招之即来挥之即去的人。会经营人际关系的女人，一定会注重平时关系的维护。

总之，聪明的女人们，在与人交际的过程中，我们要善于运用一些心理策略，尽量做到让别人喜欢你。如果你在与人初会的过程中，犯下了某种错误，或是表现平平，可以在分手之前，做一个良好的表现，以改变对方对你原来的印象。只要你的表现得体，不管原先的表现如何，都可以获得补救，甚至留下永生难忘的印象！

心理小贴士

近因效应有利有弊，在不同的情况下，你需要对近因效应的作用进行辩证的分析，其宗旨是避免不利近因效应的影响，利用积极近因效应的作用，为我们赢得朋友的心奠定基础。

倾听效应：会说更要会听

人际交往的目的在于沟通，以此获得对方好感。而只有用心倾听，我们才能把握说话者所要表达的完整信息，也才能让说话者感受到我们的理解与尊重。

在人与人的交际应酬中，语言是人与人交流的最直接的方式。说话是

表达自我、宣泄内心的一个途径。如果我们认真地去倾听别人，那么，就满足了对方宣泄的心理要求，进而对方必定会对我们产生好印象。这就是心理学中的倾听效应。

不得不承认，女人天生爱说，但不一定都懂得倾听。我们发现，有这样一些女人，她们喜欢以自我为中心，一旦与人交流，就开始变得喋喋不休，喜欢把自己的优点在别人面前炫耀，喜欢逞一时口舌之快，喜欢看到别人被自己说得张口结舌和不知所措的表情。于是，她和别人之间多了一层隔膜，少了一些相互欣赏和理解。虽然她暂时获得了心理上的满足，可是也为此失去了一次赢得友谊的机会。

倾听是理解的前提，学会倾听别人的人，才能被别人接纳，才能掌握交往的主动权。你给别人的尊重必然换回别人对你的肯定。

一次，张婷去拜访一个客户。据说这个客户非常难缠，很多销售人员都在他面前灰溜溜地被赶出来了。

所以，张婷这次去也没有抱太大的希望。当她敲开这位客户办公室的门之后，客户对她非常热情，又是端茶倒水，又是嘘寒问暖。这反倒让张婷有些受宠若惊。但是毕竟客户是一片热情，因此张婷内心还是非常的感动。

坐定之后，还没等张婷介绍产品呢，客户就开始说了，说自己的家庭生活，妻子多么贤惠，孩子多么懂事。说到高兴处，客户眉飞色舞，手舞足蹈。而张婷只是静静地听着，偶尔点点头微笑一下，表示认可和肯定。

一个小时过去了，两个小时过去了，客户说完了家庭，说事业。说这些年自己如何一步步地走过来，经历了多少的艰难和困苦，如何将公司一步步地做起来。说到难过处，客户黯然泪下，张婷适时地说了几句安慰话。

好几个小时过去了，客户一直都在不停地说，张婷只是静静地听着，偶尔问几个简单的问题。最后，客户说不动了，该倾诉的都倾诉了。转过头来问张婷："你这次来的目的是什么啊？"

张婷将产品的介绍放到了桌子上，客户看了，二话没说，就下了订单。

从这个故事中，我们可以了解到客户需要的只是你的认真聆听，而不需要你说多少。事实上生活在这个世界上的人，谁没有故事呢？遭遇了太多生活的磨难，总希望能够说出来，有人分担；获得了成功的喜悦，总希望有人来分享。任何人都有想要表达和倾诉的欲望。只要你满足了对方的这种心理，别人就觉得你善解人意，在交往当中，无疑就赢得了对方的心，掌握了主动。

那么，女人们，你该如何才能做一个好的倾听者呢？

1. 要把说话权利让给别人

因此，在生活中，别人貌似在和你交流，其实是想满足自己的表达欲望，只是希望你能充当一个倾听者。这时你一定要保持沉默，即使你不想听对方的那些陈芝麻烂谷子的事情，也要假装在倾听，这样对别人来说就是莫大的尊重。因此，要想掌握交往的主动权，就必须把说话权让给对方，让对方的表达欲和倾诉欲得到最大限度的满足，从而对你产生好感。

2. 用点头来表达肯定对方

交流的双方都希望对方能倾听自己，肯定自己。即使在对方表达的同时，也希望能获得你的认可和肯定。尽管对你来说，可能并不赞同他（她）的一些想法和看法。但是对他（她）来说，因为你没有反驳和辩解而认定你是支持和肯定他的。因此，他（她）便把你当成"自己人"。因此，要想获得他人的好感，就要通过不断的点头来肯定对方的说法有一定的合理性。

3. 眼睛要认真注视着对方

人与人之间的交流是从心开始的，而眼睛又是心灵的窗户。所以，双方很多时候是用眼神在交流。在倾听别人说话时，一定要用眼睛注视着对方，这样会让对方觉得你在认真地倾听，从而感受到你内心的那份真诚。

当然还要注意，当对方高兴的时候，一定要跟随着别人用眼神将快乐表现出来；当别人哀伤的时候，也要用眼神把那种悲伤表现出来。这样会让别人觉得你是在陪着他（她）快乐和哀伤。

4. 时常重复以得到对方确认

人与人之间的交流是个互动的过程，同样，别人在倾诉的时候，也希望你能够参与进来。所以，在倾听别人说话的同时，要时不时地重复对方的话，并求得他人的肯定。这样不但能表达你在认真地倾听，而且还可以借着这个机会把自己没有听明白的话弄明白。以免对方突然征求你的意见，你回答不上来，或者是回答错误，让对方心情大受影响。

心理小贴士

"喜欢说，不喜欢听"是人的弱点之一；喜欢被认同是人的弱点之二。如果我们在与人交往时，能够掌握这两个人性的弱点，让对方畅所欲言的同时获得对方的认同感，你一定会事半功倍。

焦点效应：人人都希望成为焦点

生活中，每个人都有同样一种心理：我们习惯把自己看做一切的中心，希望得到他人的关注，这就是焦点效应。社交生活中，我们也可以利用这一效应，一定要给对方以足够的重视，甚至在某些时候还要试着让对方多做做"焦点"。这样才会拉近交际双方的心理距离，也才能提高我们的交际效率。

心理学家基洛维奇在康奈尔大学做了一个实验，他让某个大学生事先穿上一件名牌衣服，然后让这个学生走进教室。在进入教室前，这名学生认为班上肯定有过半的学生会注意他。但实际上，令他意想不到的是，结果只有23%的人注意到了这一点。

这个实验说明，我们总认为别人对我们会倍加注意，但实际上并非如此。由此可见，我们对自我的感觉的确占据了我们世界的重要位置，我们往往会不自觉地放大别人对我们的关注程度，而且通过自我的专注，我们会高估自己的突出程度。

生活中的女人们，你每次出门前是否会精心打扮一下，这是因为你想成为他人眼中的焦点。用餐时，你不小心将餐巾纸弄掉了，你感到很尴尬。实际上，并没有人注意到这一点。这也是焦点心理在作怪。其实，我们完全没必要这么紧张。有实验表明，其实我们（不是公众人物的情况下）并不是那么受人关注。但从人们的这一心理中，我们可以得出一个获得他人好感的秘诀——满足他人成为焦点的心理。

社交生活中，无论出于什么目的的交往，我们都要懂得做足“预热”工作，以便让对方成为焦点。尤其是对陌生人，如果我们一味地说自己的事，对方必然觉得乏味；而如果说对方的事，对方则更愿意听，交谈也必然更顺利。

一位女助理奉上司之命，要和另一公司谈合作之事。这天，她敲开门，走进对方公司王总的办公室。王总当时正在处理另外一件事，就让她暂时坐在沙发上稍等一下。她静静地坐了下来，观察了一下王总的办公室：在王总的办公桌旁是一个很大的书柜，她看见书柜里摆放了很多书和一些照片，然而最显眼的还是那张王总身着博士服的照片。实际上，她已经听说了，这个王总，和一般的博士不一样，他是通过自学考上大学，然后一步步走到今天的。这时，她心中的敬意涌上心头。

当王总忙完以后，她对王总说：“王总，您是博士毕业啊？您的事迹我听过一些，很让人敬佩。您是博士又掌管着这么大的一个公司，国内像

您这样的董事长可不多啊！”王总一听，立刻哈哈大笑：“哪里，哪里，过奖了……”于是，王总开始讲起了自己以前的辛酸故事。

她边听王总倾诉，边思考如何向王总表明来意。不一会儿，她就把王总引入正题，适时地表明她今天来的目的就是将公司积压的那批货卖给王总的公司，这样才能解决公司财务危机。但是，当她如实报出了上司定的价格后，王总的脸色马上就变了。这时，她看出了不对劲，于是，她又说：“王总，照片上的字是您写的吧，真有气势，您对书法肯定也很有研究吧？”

王总一听，说道：“过奖了……我以前……”

最后，这笔生意很快就谈成了，而她也成了王总的朋友。王总经常会主动找她一起打球、喝茶，畅谈人生理想。

这名女助理是聪明机智的。刚开始，她利用的就是通过满足对方的心理需求，肯定对方的能力和充满心酸的奋斗史，来拉近和对方之间的距离；在冷场的时候，她再次强化了对方的这一需求。试想，如果一开始她就直接将正题放在工作上，大谈对方和自己合作的好处，那估计她谈判的过程也不会如此顺利。

事实上，生活中，我们与人相处时，并不需要处心积虑地讨好对方，也不需要毫无瑕疵的语言奉承，因为这些都不及让对方做焦点来得更有效。

因此，每一个女人，在与人打交道时，都应该重视人们的这种焦点心理，并在适当的时候满足人们这种心理，这样能帮助我们提高交际效率。相反，如果我们在人际交往中过于考虑自己的内心感受，而从来不考虑对方的“渴望被重视”的“焦点心理”，就可能在人际交往中遇到麻烦。

心理小贴士

每个人都想成为焦点，每个人都想博得别人的关注。我们承认，这是一种心理弱点，但却是普遍存在的。我们在日常交际的过程中，在处理人际关系的过程中，一定不能忽视人们心理客观存在的这种“焦点心理”，一定要试着让别人多做做焦点。

刺猬效应：关系再好也要保持一定距离

现代社交中，我们与朋友相处，要想建立美好的人际关系，就要学会用些心思，把握好朋友间交往的距离，用心交际，不可意气用事，才能做到相互了解又相互尊重，那才是最好的状态。

很久以前，生物学家为了研究刺猬的生活习性，他们做了一个实验：

寒冬腊月，生物学家将十几只刺猬放到了屋外，寒冷的刺猬们为了能取暖，只好抱在一起。但是它们浑身长满刺，只要它们一靠拢，又会被对方身上的刺扎到，进而不得不分开。

天气实在很冷，它们冻得受不了，它们又靠在了一起，但又会被刺到，它们不得不再度分开。于是，它们不得不重复这样的过程，不断地在受冻与受刺之间挣扎。最后，聪敏的刺猬终于找到一个方法，那就是保持适中的距离，这样既可以相互取暖，又不至于被彼此刺伤。

这就是心理学上的“刺猬法则”。刺猬法则强调的就是人际交往中的“心理距离”。作为女人，你是不是遇到过这样的情况：原先与你无话不

谈的闺蜜，现在却翻脸为敌，不仅互不来往，甚至反目成仇。为什么会这样？原因很简单，因为你们之前太过亲近了！

俗话说得好："距离产生美"，这是一个美学命题，但确有一定的道理。两个人之所以成为朋友，必定是有一定的相容性，但作为两个独立的个体，同样需要一定的个人空间。如果彼此连一点点个人空间都没有，那时间久了也会生厌，所以这时就需要找到一个适中的距离。

而我们都清楚的一点是，女人天生是感性的动物。一些女人在处理与他人关系的时候，缺乏理智的思考，全凭自己的主观感受，认为朋友间就应该亲密无间。可有一天，当和自己形影不离的姐妹突然远离自己时才明白，原来自己的友谊让对方窒息了。其实，这一做法是非常错误的。与朋友交往，如果双方之间太了解，太过亲密，就会没有一点儿新鲜感，没有一点儿隐私。而保持一定距离，"雾里看花，水中望月"，一切都是那么美好，这就是"距离产生美"。

刘敏在一家外企人事部门工作，这是一项与人打交道的工作。她能说会道，办公室的同事和领导都非常喜欢她。尤其是她的顶头上司张女士，她们的爱好惊人的相似，她们喜欢买同一品牌的衣服，用同一品牌的化妆品，就连喜欢吃的食物也一样。于是，在刘敏来这家公司不久，她和张女士就成了无话不说的好姐妹，张女士平时也很照顾她。

有一天早上，刘敏和张女士在电梯里遇到，两个人发现她们居然穿着一模一样的外套，真是太默契了，张女士就开了句玩笑："你是个小妖精。"

"我是小妖精，你就是老妖精。"刘敏回了一句。于是，两个人笑着去上班了。

但她们俩走得太近了，办公室的其他同事也开始说闲话了。张女士也已经意识到这一点。她开始刻意避开刘敏，但刘敏却一点儿也不知趣。

这天，张女士正在办公室谈公事，刘敏没有敲门就进来，半开着玩笑说："老妖精，下班后一起去扫货吧，今天可是光棍节，到处在打折呢。"张女士脸色立即变了，只是冷冷地回答："你难道不知道进来前应

该先敲门吗？”刘敏这才发现，原来上级领导吴经理也在。

不久，刘敏便被调到市场部做统计工作，离开了这份自己十分喜欢的工作。

张女士与下属刘敏兴趣相投，于是在一起交流的时间就比较长，两人的距离自然而然地被拉近了。两个距离很近的人说话自然会非常随意，刘敏就是因为一句随意的话，让张女士在上级领导面前颜面尽失，也导致了自己的工作受到了影响。如果张女士平时就注意与刘敏保持适当的距离，那么刘敏就会有所收敛，在进门的那一刻不会如此随意，也就不会出现在上级面前丢失威信的尴尬局面。

的确，距离是一种美，也是一种保护。感情容易滋养人心，也会轻易伤害人心。不管是血浓于水的亲情，还是海誓山盟的爱情，都可能在不经意间刺痛对方。

当然，女人们需要注意的是，与人交往，保持距离，也要把握好度。与朋友相处，如果距离过大，很容易使朋友间的友情变淡。尤其是在日益忙碌的现代社会，人们都为自己的事业和家庭奔波，紧张的工作之余，如果几个朋友一起聚聚能加深感情，但要是彼此都不抽出时间来，即使关系再好的朋友，友情也会逐渐变淡，甚至变成仅仅是认识而已。所以，为了维持你们之间的友情，为了让你的人生不再孤寂，那就遵循这一原则——好朋友也要适度保持距离。

心理小贴士

所谓的“保持距离”，说到底就是不要过于亲密，不要让对方觉得没有了私人空间。当然，这种距离，不仅仅是形体距离，还包括心理距离。最好的处理效果是要达到形体疏远而心灵愈加贴近。因为“保持距离”能使双方产生一种“礼”，有了这种“礼”，就会相互尊重，避免碰撞而产生伤害。

细节效应：关注细节，做个贴心的女人

交际场合中，尤其是事关重大的交际场合，请千万注意细节，千万要做到“滴水不漏”、“一丝不苟”，这样才能给别人留下好印象。

现今社会，社交能力已经成为衡量人才的重要标准，无论哪一行哪一业，社交的重要性已日趋凸显。一个人际关系良好、善于处世的女人，必定也是事事顺心，而这是因为她们充分利用了女人细心的生理优势，并懂得如何把这一点深刻贯彻到社交生活中。

曾经有一个故事，讲的是一个理工科女孩和十几个男孩一起竞争一名技术主管的职务。面试时，主考官并没有按照正常流程走，而是只让应聘者随便在公司内走上一圈，然后发表个人对公司的看法。这十几个男孩都大谈特谈规模、前景、抱负等。而最终，让他们意想不到的是，这家公司居然录用了这名身材弱小的女生。其实原因很简单，因为她在参观洗手间时将一只正在滴水的水龙头牢牢关好了。

这就是重视细节带来的良好效应。的确，在我们的人生中，很多细节都会像我们遇到过的路人一样被我们遗忘。但总有一些细节，会深深地打动别人，甚至在别人的记忆里打上深深的烙印，成为我们留给别人的难以抹去的印象。细节虽小，但它的力量是难以估量的。这就是细节效应，因为细节更能看出一个人的性格、品性、态度等各个方面的素质。

一天，位于巴黎市中心的希尔顿大酒店，来了一位这样的客人：她衣着考究，举止优雅，一看就是个上流社会的人，但她却显得很匆忙，放下行李后便马上离开了。

在希尔顿酒店里，有一位细心的值班经理，她很快留意起这位美国来的贵宾。在贵宾走了之后，她便吩咐客房服务员将房间内的窗帘、地毯、床单等都换成了大红色。

这位贵宾回到酒店看到房间内的布置后很惊讶，并询问原因。这位值班经理回答："您刚踏进酒店大堂的那一刻，我就发现，您的皮鞋、手提包、衣服都是红色的，我想您一定非常喜欢红色。您看您这么忙，我也只能在这些小事上多留点心，您休息好是我们最大的愿望。这样的环境，您喜欢吗？"女贵宾很满意，当即取出支票本，开了张10000法郎的支票，作为小费赠送。

案例中的值班经理就是从细节入手，通过充分了解、分析顾客心理，进而投其所好，以此来获得客户的好感，最终为希尔顿酒店的信誉作出了贡献。

现代社会，女人们，在与人交际的过程中，不妨也像这位值班经理一样，关注细节、重视细节，并从细节着手潜移默化影响他人，最终达到我们的交际目的。

生活中，人们常说："细节决定成败"，其实，社交生活中也是如此。只有做好每一件小事，才能让他人感受到你的贴心。那么，细节究竟是什么呢？其实细节时刻伴你左右，包括你在与人见面时候的言谈举止、穿着打扮等。细节是无处不在的，它虽然非常的微小，但是却可以从根本上影响一个人。

那么，细心的女人们，社交生活中，该怎样做才能以细节取胜呢？

1. 要想用细节取胜，就要注重社交礼仪

礼仪是人们社会活动的润滑剂，是联络人们感情的纽带，是人际关系的桥梁，礼仪具有沟通作用。生活中的礼仪可以使你在人们心目中树立一个良好的形象。如果你很傲慢无礼，即使你的话是金玉良言，人们也不会有心思去听。无形中丧失了交流的机会，就更不用说使对方向你敞开心扉谈论问题了。没有人会拒绝有礼貌的人，即使是对方在极其愤怒或者悲伤的时候，他们也会被你的礼貌所打动，缓和自己一时过激的情绪与你交

流。所以懂得礼仪的人会有一个好人缘，这会给你的社交带来不可估量的好处。

2. 始终以微笑示人

笑容是一种令人感觉愉快的面部表情。它可以缩短人与人之间的心理距离，为深入沟通与交往创造温馨和谐的氛围，因此有人把笑容比作人际交往的润滑剂。在笑容中，微笑最自然大方，最真诚友善。世界各民族普遍认同微笑是基本笑容或常规表情。在人际交往中，保持微笑，作用明显。但是要注意你的微笑应发自内心，渗透着自己的情感，表里如一。因为毫无包装或矫饰的微笑才有感染力，才能被视作“参与社交的通行证”。

3. 多做点让他人意外的小事情

当然这样的小事情应该符合以下几个特点。

第一，一定要是有利于对方的事情。

第二，一定要是对方容易在生活中忽视的事情。

第三，这件事在对方看来一定要是惊喜和意外。

在人际交往中，多做一点让他人意外的小事情，是对我们的交际形象进行精雕细琢的重要举措，或者说是完善我们的交际形象的一个重要招数。这种小事情做得越多，我们的人缘就会越好。

心理小贴士

在人际交往中，越是微小的细节越能打动人心。能否充分重视交际中的细节，直接关系到交往的成败，正所谓“成也细节，败也细节”。细心的人常常因为重视细节而在人际交往中旗开得胜；而粗心者则常因忽略细节而在人际交往中功亏一篑。

名人效应：对方的偶像可做“药引”

生活中，名人因其有较高的知名度，人们对其语言的信服程度也会较高。人际交往中，如果我们能利用“名人效应”，善于利用他们的影响力，那么，我们的话在对方的心中会有同样的“光辉”，并让对方产生与我们结交的愿望。

生活中的女人们，你是否遇到过这样的情况：如果有一群人想要结识你，其中有一个人说他（她）认识某某明星的经纪人；或者说他（她）和某大企业的总经理一起吃过饭；或者说他（她）曾经有过一段不平凡的经历，你会不会对他（她）格外注意或者寻长问短，希望得到这些人的一些“信息”？或许你对这些不感兴趣，但至少你会记忆深刻。当下次他（她）再找你说话时，你会毫不犹豫地叫出他（她）的名字。

生活中，这样的现象实在太多了。这些人为什么能吸引他人的注意呢？这是因为他们善于利用“名人效应”来抬高自己的身价；同样，社交生活中，女人们，你也要善于利用这一点，让他人对你刮目相看。

张小姐是个很有生意头脑的女人，她从事的是化妆品行业。几年下来，她通过自己的努力，有了自己的公司。但直到现在，她还记得她第一次推销化妆品的经历。

有一天，她带着公司样品来到一家外企，她想说服这家公司的女经理购买她的产品。但这套化妆品价格不菲，她知道这很有挑战性，但她还是硬着头皮去了。

不难想到，对方在听到她是来推销化妆品的之后，就借口自己很忙，不方便会客。这时候，张小姐发现严肃的办公室墙上居然贴了一张明星范冰冰的海报，她便推测出，这位经理应该是范冰冰的粉丝。

于是，她赶紧说："周经理，这样吧，我下次再来拜访，但麻烦您帮我签个名，我好回去交差。"听到张小姐这么说，女经理不好推辞，便答应了。

"啊，您的签名风格和范冰冰很像啊。"

"是吗？可惜我没有她那么漂亮。"女经理脸上露出了一丝微笑。

"其实，我比较喜欢她，并不是因为她长得漂亮，而是因为她很会为人处世，做人很大气。我听说，她对自己的员工很好，会想出各种好的福利来奖励员工。"

"是啊，这一点我也觉得挺好的。不过她是大老板，我只是个小公司的经理，没法给员工买车买房。"

"看来周经理也是个关爱员工的人啊，不过我发现，贵公司女职员比较多，您完全可以给她们买套化妆品，女人毕竟都是爱美的嘛。再者，这还是一种关心员工的表现。我好像还没听说哪个公司会给女员工这样的福利呢！平时，员工们之间也可以就化妆品多聊聊，也可以增进她们之间的感情嘛！"张小姐一口气说了很多，她发现周经理好像听进去了。

"嗯，你说得挺有道理的，这样吧，你先留一套试用装给我，我试试，要是可以，明天就去订购。"就这样，张小姐成功推销了一百多套化妆品。

这则故事中，张小姐是如何成功说服这一客户的呢？很简单，就是采用的名人的影响力。的确，如果你善于运用名人效应，你可以比别人更轻松地得到对方的认可，进而达到你的目的。

可能有些女人会发出疑问，怎么可能结识那么多的名人？但我们同样可以运用这一效应达到自己的目的。主要有以下几个途径。

1. 不露声色地以名人为话题

事实上，你可以在无意中提及这个名人。在和别人谈话的过程中，我

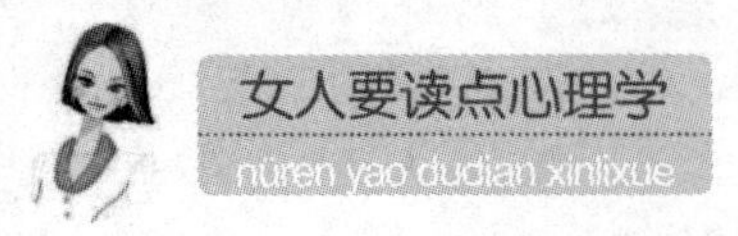

们要学会不露声色地将一些名人引进来。比如，当对方说了一个笑话时，你可以说“您真幽默，我曾以为×××是我见过的最幽默的人”。这时候，对方会立即产生兴趣，继而会问你：“是吗？你还认识他呀……”慢慢地，话题也就引开了。

再者，我们还可以不露声色地表明自己和某名人的关系：假如你确实和某个名人认识，但你又不想让对方认为你是在故意炫耀自己的人脉。此时，你就可以这样表达：“××先生您好，很高兴认识您，我经常听我叔叔（或者其他关系）提起您！”对方听你这么说，接下来自然会问你的叔叔是谁，这时候你就可以很自然很巧妙地达到目的了。

2. 把自己也当成是名人

“您好，先生，我叫××，是××公司的市场部总监，不知道您对我们公司是否有了解。我们致力于为企业培养最专业的人才，在上海和广州都有分公司，我们为××公司等多家知名企业提供了多种服务。”

在这段开场白中，我们发现，说话者是利用自己的职位来介绍自己的，这样介绍很有权威性，一定能让客户信服。

当然，借助名人的影响力，并不是狐假虎威地向别人炫耀你的人脉。直言不讳地告诉别人你认识某某名人，或者某某名人很赏识你是一件非常愚蠢的事情，这样做不但不能获得别人的认可和喜欢，相反更可能让对方讨厌你。

心理小贴士

名人效应，是名人的出现所达成的引人注意、强化事物、扩大影响的效应，或人们模仿名人的心理现象的统称。名人效应相当于一种品牌效应，它可以带动人群，它的效应可以如同疯狂的追星族那么强大。

第三章 女人做最优秀的自己——掌握社交中的心理策略

生活中，我们常说：“人无完人”，的确，人都是不完美的。但任何一个有智慧的女人，都应该明白，要想成为一个受人欢迎的人，就要让自己变得更优秀。当然，要完善自己，首先是要有“自知之明”，这里的自知之明，涉及的就是自我认知的范畴。在此基础之上，女人还应该掌握一些具体的完善自己的心理策略，并将其运用于具体的社交中，才能真正成为一个“左右逢源”的人。

评价自己要客观

德国唯物主义哲学家费尔巴哈说过：“谁能够正确地认识自我，他也就在心中点燃了一盏光芒普照的明灯。”一个人正如果不能正确地认识自己，给自己一个客观公正的评价，那么，他的人生道路一定会弯弯曲曲。他不知道何去何从，甚至会经常迷路。

任何一个女人，都知道“人无完人”的道理，但现实生活中，还是有相当一部分女人，因为自身的某些不足，比如外表不够漂亮、学历不够高、某项能力不如他人或者身体上的缺陷而深感自卑。因为这些所谓的不足，她们看不到自身的优点和长处。她们自怨自艾，在社交生活中，她们常常充当着接受者的角色，不愿主动出击。就这样，她常常白白错过一个又一个结交他人的机会，最终给自己留下遗憾。

事实上，还有一些女人，她们只看到自己的长处。在社交生活中盲目乐观、自我欣赏，自以为是，其结果往往不能处理好人际关系，难以与人合作，或被他人拒绝、被群体所孤立。可见，对自我的客观认知和评价，对个人的健康发展有着不可忽视的影响。

而以上两种情况，都是因为她们不能对自己进行一个客观公正的自我评价。

如今，越来越多的女性走上创业之路。和这些女性一样，小齐结婚后也放弃了之前的工作机会，和几个朋友开了一家服装设计公司。然而事业的如火如荼，并没有让小齐觉得很幸福。有一次，下班后，她无意中听到员工们对自己的评价："齐总这个人，虽然工作很努力，但说实话，我不怎么喜欢她，她脾气太坏了，我们是她的下属，又不是签了卖身契。"

"是啊，何止这些呢？我发现，她还有点儿小心眼，每次发工资时，她都会精打细算，会尽量扣除那些零头。"另一个下属接着说。

"还有啊，她很懒，没眼力见儿，说话太直，还毒舌，爱占小便宜，办事儿不想后果，总是说错话，一贯的自我感觉良好，自认为自己有那么点小长处，没有底气也敢瞎得瑟，不懂还乐意装懂，还经常大言不惭地看不惯这看不惯那……"

"对，我看她那脾气，她老公估计也受不了，女人毕竟是女人，何必一天到晚都弄得跟个女强人似的……"

听完下属们的这一番话，小齐真的震惊了，原来自己是这样一个人。"看来，我真得应该好好地反省一下了。"

当天晚上，小齐回到家之后，就详细询问了一下丈夫关于自己的缺点。她的丈夫是个脾气好、说话客观公正的人。关于妻子的优缺点，他都提出来了："这么多年，我发现，你是个有魄力的女人……"

可能生活中，很多女性都遇到过和小齐类似的情况。原本"自我感觉良好"的自己，有一天却发现，原来自己有那么多的缺点，需要改正。人们常说，"人无完人"，每个人都是一个独立的个体，都有优缺点。对于自身的优缺点，我们都要客观地看待，这就属于自我认知的范畴。

那么，一个女人，该如何才能给自己一个客观、公正的评价呢？

1. 客观地认识自己

全面客观地认识自己，意思就是不仅要看到自己的优点，也要看到自己的缺点，并客观地给予评价。要做到这一点，除了自己对自己的评价外，还要注意从周围人身上获取关于自己的信息。这些人可以是我们的父母，可以是我们的朋友，也可以是我们的同事。只有这样，我们才能够逐步形成对自我的全面客观的认识。

2. 全面地接纳自己

接纳自己的优点，而容不下自己的缺点，是很多女人容易犯的错误。一个人首先应该自我接纳，才能为他人所接纳。

因此，真正的自我接纳，就是要接受所有好的与坏的、成功的与失败的方面。既不妄自菲薄，也不妄自尊大，不卑不亢，才能健康地发展自己，逐步走向成功。

3. 积极地完善自己的不足

这些不足，指的是某些“内在”上的，比如学识、技能、素质等。

心理小贴士

自我认识包括两个方面——自我认知和自我评价，前者对自我身心特征的认识；后者是在前者的基础上对自己作出的某种判断。一个人的自我认知和自我评价如何，直接关系到他的心理生活、行为表现以及个人在社会生活中的人际关系等。

大胆展示自我，克服自卑心理

人际关系交往中，如果没有健康的心理状态，往往无法拥有和谐、友好和可信赖的人际关系。在与人相处中，既无法得到快乐满足，也无法给予别人有益的帮助。我们只有把自己最好的一面展示给别人，才能得到别人的认同和赞赏，才能建立并维持良好的人际关系。

我们都知道，女人善于用“关系”看待周围的世界，是天生的交际家。但生活中，很多女人因为容貌、身材、修养等方面的因素，在与他人的交往中常常有自卑心理，不敢在人群中展现自己的魅力。她们在与人交往的时候，不敢阐述自己的观点，做事犹豫，缺乏胆量，习惯随声附和，没有主见。在交流中无法向别人提供值得借鉴的有价值的意见和建议，让人感到与之相处是浪费时间，别人自然会避而远之。

因此，作为女人，你需要记住，自信始终是你最美丽的外衣，任何人都存在某些不足，你大可不必放大自己的不足，而忽视了自己的魅力。

三年前，钟红和陈晓同时被一家大型企业录用。在校时，她们都是才思敏捷、成绩优异的好学生。但是参加工作以后，仅仅过了两三年，她们的薪资待遇和岗位级别就有了很大差别。而最重要的是，她们在爱情的道路上也有着完全不同的境遇。

钟红是学会计的，自然进了公司的财务部。但一直以来和数字打交道的她显得木讷、内敛，甚至有点儿自卑，给人的印象就是不太合群、不大吭声，也很少参加单位组织的各项活动。事实上，在公司工作的三年里，她一直努力工作，在专业能力上可以说早已超过了其他同事。但是并没有得到领导的肯定和赏识。

有空的时候，她经常想："如果哪一天老总找我单独谈话，借着向他汇报工作情况的机会，我就可以好好展示一下自己的才干了！"可是，每次老总来视察时，当其他同事都从座位上站起来，不是跑过去打招呼就是端茶倒水时，她连大气都不敢出，更别说主动过去与老总寒暄了。

相反，陈晓则与钟红不大一样，她在大学学的是市场营销，自然进了公司的市场部。几年与客户打交道的经验，已经让她知道怎么自信地表现自己的能力。她刚进公司没多久，就通过各种方法了解到了老总的情况，包括学历背景、生活习惯、处世风格、人生起落等，然后她还设计了几个与老总交流的话题。

陈晓留意到，老总中午时多半都会去员工餐厅吃。于是，她便开始找机会结识老总。一天，她看见老总一个人坐在餐厅的角落里，她便走过去，随意地坐在老总旁边，然后和老总闲谈了几句。渐渐地，老总觉得两

人有很多共同话题，随着交谈的深入也越来越欣赏她。

后来，工作时间，老总把她叫到了办公室，了解了她的工作情况和她的才干。很快，陈晓如愿以偿，在公司里争取到了更好的职位和发展空间。

钟红不知道为什么会出现这样的结果。后来，公司与另外一家兄弟公司举办了一次联谊活动。她发现，总是有很多同事围在陈晓周围，而自己只能孤单地坐在角落里。她觉得自己的确长得比陈晓漂亮，但在自己的眼里，怎么没有陈晓眼里那种熠熠生辉的光芒呢？她终于知道，那就是自信吧。

这则故事中，我们发现，钟红和陈晓同时进入这一家公司，同样具备某些方面的能力，却有着完全不同的职场命运？这是为什么呢？陈晓明明在外貌上不如钟红，为什么能获得同事的青睐呢？很简单，在陈晓身上，有钟红所没有的一种气质，那就是自信。所以，她是美丽的、大方的；而钟红，则让自卑掩盖了自己所有的美丽，掩盖了自己的才能。

的确，交际是一种能力，更是一门艺术。女人只有拥有完美自信的交际形象、圆融通达的交际手法、恰到好处的交际分寸，才能在交际中立于不败之地。但首先，女人要有淡定从容的交际心理，才能成为社交场合的超级人气女王，女人学会交际，才能更加迷人！因此，努力克服自卑心理，学会大胆展示自我吧。为此，你需要做到以下两个方面。

1. 积极暗示，鼓励自己

如果你很想认识一个人，却不敢站出来，也不表露自己的意愿，最终肯定是“无可奈何花落去”，“一江春水向东流”，落得个自怨自艾结局。如果你不勇敢地走出自己设置的心理障碍，不主动地展示自己，那么你真的很难做到。为此，你不妨告诉自己：我有实力和优势，我的人品和操守足以让人信赖。我有专业能力和无限的潜力，我是最棒的！你必须有自信心，对认准的目标有大无畏的气概，怀着必胜的决心，主动积极地争取。

2. 主动出击，赢得注意力

从现在起，不要因为自己不够美丽而把自己藏在某个角落里了，不要再自卑胆怯了，主动出击吧。你可以主动向你心仪的男士发出邀请；你可以主动定期向老板报告团队的最新工作绩效，展现自己优秀的领导能力；同时主动与其他相关部门建立关系，介绍你的职务，让他们了解你能为他们做什么，你有什么资源可以分享。让他人看到你的自信，你一定会获得一种别样幸福的人生！

心理小贴士

心理学家认为：一个女人如果自惭形秽，那她就不会成为一个美人；如果她不相信自己的能力，那她就永远不会是事业上的成功者。从这个意义上说，如果你是一个自卑的女人，那么树立自信心是战胜自卑感的最好方法。

不做“钻牛角尖”的傻瓜

做人固然不能玩世不恭，游戏人生，但也不能太较真，认死理。死盯着别人的缺点不放，容易引起别人的反感。一个人坚持宽以待人，不仅利于自己的身心健康，更能给他人带来方便，赢得他人的好感。

有个笑话说，一位农妇在收鸡蛋时，不小心打破了一个，她想：一个鸡蛋经孵化后就可变成一只小鸡，小鸡长大后成了母鸡，母鸡又可以下很多蛋，蛋又可孵化很多母鸡。最后农妇大叫一声：“天啊！我失去了一个

养鸡场。”

这个农妇看来着实有点儿可笑，但在现实生活中像农妇这样的女人却大有人在。比如，夫妻二人，在亲朋好友的祝福下走入婚姻的殿堂，两个人难免有磕磕绊绊的时候，拌几句嘴也属正常。可女人偏偏是个爱钻牛角尖的人，偏偏要将拌嘴升级为打斗，本来可亲可爱的人露出了凶恶面孔。即使战火息止，也难免伤了感情，甚至闹到以离婚收场……再谈到社交，这样的女人太过精明、一味地明察秋毫，眼里容不下沙子，过分挑剔，连一些鸡毛蒜皮的小事也要斤斤计较，最终她们成为了孤家寡人。

相反，我们的生活中，还有这样一类女人，她们心态平和，对待什么都不过分在意。在她们眼里，所有人都是优秀的；即使他人犯了错，她也能一笑而过。与她交往，人们会觉得轻松、惬意。很明显，我们更愿意与第二种女人交往。

生活中，我们常说，女人活着真累。其实，你为什么累？因为你太认死理、太爱钻牛角尖了。从现在起，在与人交往的过程中，你必须克服这一点，做一个容易相处的女人，还怕没有好人缘吗？

一名男子在经历了几年的事业打拼后，事业有成，但对自己的婚姻却产生了厌倦的情绪，却对妻子的闺蜜产生了好感。在几经思索后，他决定邀请妻子的闺蜜，而对方也答应了他。

出门的时候，他向妻子撒了个谎，说晚上有应酬，晚点儿回来，妻子也没说什么。

男子如约而至，妻子的闺蜜已经等候已久。于是，男子开始与其交谈，席间，自然要免不了谈到他们共同熟识的人——妻子。男子抱怨妻子如何如何地让他感到厌倦，说妻子只懂得柴盐油米，不懂得浪漫。他试图握住妻子的闺蜜的手表白的时候，妻子闺蜜对他说，对不起，时间到了，我答应了我的朋友。

他惊讶地问：“你朋友是谁？”

妻子的闺蜜说："你的妻子。"

他愕然了，一副垂头丧气的样子。他突然觉得很惭愧，怎么能这样对待勤勤恳恳的妻子呢？

他拖着沉重的脚步推开家门的时候，妻子在等他。妻子对他说，这不怨你，我也有做得不到的地方。这让他感到无地自容，只有深深的愧疚和感动。他们俩紧紧拥抱在了一起。

后来的日子，他们彼此之间多了一分信任，一分恩爱。

故事中的妻子是一位大度的女人。当朋友告诉她自己的丈夫有出轨的想法时，并没有气势汹汹地和丈夫吵闹，而是给丈夫一次反思的机会。然后心平和气地承认自己的不足，并表示自己是爱丈夫的。她的智慧与宽容挽救了她的家庭以及幸福。的确，家庭中，女人万不可较真，和谐的家庭是充满爱的，是每个人心灵的港湾，是累的时候可以放松自己的地方。家中并没有什么大是大非，因此，你完全没有必要与你相亲相爱的家人争个你死我活，甚至做出一些让自己后悔一辈子的事。其实有些事在当时你会觉得无法接受，但随着岁月的流逝，你会发现那其实算不了什么。你会发现，原来自己太小心眼了，原来自己是那么自私。但在你后悔的时候，伤害是否已经造成了呢？

每个人都有缺点。镜子很平，但在高倍放大镜下，就呈现出凹凸不平的"山峦"；肉眼看很干净的东西，拿到显微镜下，满目都是细菌。戴着放大镜看别人的缺点，你的心里就永远容不下别人，哪里还有什么朋友！

当然，要做到不较真不是容易的事，谁都有钻牛角尖的时候。女人应该学会善解人意，用换位思考的方法去思考问题，尽量做到宽以待人，那样做事就会好一些，就不会那么认死理。而太过钻牛角尖，在面对他人的过失时，你就会夸大其缺点，掩盖其优点，甚至一票否决，拒之于千里之外。这就会错过一个朋友，失去一个向其学习的机会。相反，用欣赏的眼光去看待别人，会拥有良好的人际关系，也会增强自己的人格魅力；用欣赏的眼光去看待别人，会给别人带来快乐与自信，也会给自己带来快乐与自信。

心理小贴士

待人接物，不求全责备，不吹毛求疵，尊重他人的个性，体谅他人的难处，欣赏他人的优点和长处，包容他人的缺点与不足，这是一种良好的社交品质，会帮助你赢得好人缘！

谦虚为人，没有人喜欢自我膨胀的人

社交生活中，我们强调一定要自信、大方，这一点很可贵。自信固然可贵，但如果自信过了头，成为一种自负与狂妄，那就确实不讨人喜欢，因为没有人喜欢自我膨胀的人。

任何一个女人都知道，自信就是自己信得过自己，自己看得起自己。别人看得起自己，不如自己看得起自己。美国作家爱默生说："自信是成功的第一秘诀。"自信的女人是一道美丽的风景，能吸引他人主动与之结交。因此，自信是女人在社交生活中必须要具备的。确立自信心，就要正确地评价自己，发现自己的长处，肯定自己的能力。但在很多时候，自信与自负只有一线之差，自信的女人给人以好感，但自我膨胀的女人令人厌烦。

童言是一家出版社的编辑，因为刚毕业不久，缺经验，于是她虚心学习，嘴巴也很甜。因此，平时在单位里上上下下关系都不错，很快，就得到了主编的器重，将一本图书的编辑工作全权交给了童言。

毕竟是文学专业出身，童言的写作能力还是很不错的，她的这本图书居然在全国图书评选中获了大奖。对一个新人来说，这真是莫大的荣誉，为此，她感到十分得意，逢人便提自己的努力与成就。同事们当然也向她祝贺。时间慢慢过去，后来，童言发现了一些蹊跷：单位同事，包括她的上司，似乎都在有意无意地与她过意不去，并回避着她。

童言不明白自己哪里做错了，平时什么小事他还是抢着做，对同事、领导也是恭敬有加。苦思冥想后，她才恍然大悟，原来她犯了“独享功劳”的错误。想到这一点后，她也觉得自己做的有点过了，事实上，这本书之所以能得奖，主编的贡献当然很大，但这也离不开基他人，比如同事的帮助。想到这一点以后，第二天，童言就在办公室说：“今天晚上我请客，大家都要来，感谢你们这些天来一直帮我的忙，我是后辈，以后有什么不懂得地方，还要麻烦各位前辈们多多指教了！”大家都答应了童言的邀请，自从这件事后，大家似乎又像以前一样和睦相处了。

童言在认识到自己的失误之后立刻采取了正确的行动。刚开始，她的同事之所以会孤立她，就是因为他们认为童言有了成绩后就开始得意起来。对于这样的人，他们自然会产生芥蒂之心。但庆幸的是，她很快认识到了这一点，很快，便又重新融入到同事中去了。

生活中的女人们，可能你还没有体会到这一点。但如果你太过自负，时间一长，当然会引得别人不舒服，他们甚至不愿意再与你交往。可能你也会和故事中的童言一样，在内心并没有自我膨胀，但有时人跟人之间会因认知观点不同，在别人看来，你的一些举动就成了自负。

那么，新时代的女人们，在社交生活中，你如何做到能谦虚为人而不显自负呢?

1. 自信却不张狂

人际交往中，我们发现，那些真正能吸引人的女人不一定漂亮，而是有自信。自信的女人一定有她别样的魅力。因为她懂得自己一举一动、一言一语、一颦一笑之优势，在不经意之间就将女性的魅力展现在人们的眼前。但这种自信，绝不能膨账到张狂的地步。自信，不是自大，是自我肯

定，也只有自我肯定才会得到别人的肯定和赞赏。

2. 要有自知之“明”

人们常说人贵有自知之明。这个“明”，就是要全方位地看待自己并了解自己。如果只看到自己的长处，那就是自大；反之，则是自卑。事实上，我们每个人都既有优势，又有不足。如果我们能客观地估价自己，在找出自己的长处和优势的同时，也能看到自己缺点和短处，那么便能很好地弥补自己的不足。

3. 谦卑并不意味着活在别人的眼光中

女人要谦虚为人，并不意味着你时时处处都要看别人的检色行事。只要你能拿捏好自信的尺度，那么，如果还是会招致他人的不满，那么，便是他人的嫉妒心理。这是他们的问题，他们本身缺乏自信。对于这样的人，你不必与之计较，你要做的就是过好自己的人生。

心理小贴士

上帝阻挡骄傲的人，赐恩给谦卑的人。如果你也是一个爱骄傲的人，就从现在开始审视自己，改变自己，做一个谦逊的人，那么，你一定会赢得他人的欢迎。

那点小秘密，不要四处倾诉

人与人之间交往，交流必不可少，互诉衷肠，可以加深彼此情感、拉近心理距离。但我们一定要管好自己的嘴，不要四处倾诉你的那点小秘密；否则，你会因此给自己带来一些不必要的麻烦。

生活中，人们常常开玩笑说："远离女人，就远离了是非。"这只是句玩笑话，但足见一点，只要有女人存在的地方，就有源源不断的"语言"。女人天生爱说话，尤其爱谈秘密与隐私。女人与女人之间，也常常以交换秘密来加深关系。然而，单纯的女人们，你是否发现，你曾经就是因为这一点而遇到了一些麻烦：你原本以为对方是个知心人，但事后你才发现，她是个专门挖别人隐私并到处散播的小人；你原以为对方听你诉说是因为同情你的遭遇，谁知道，原来她是另有所图，而知晓后的你已经骑虎难下了……这样的例子太多了。因此，女人们，你若想让自己远离是非，要想拥有良好的人际关系，就必须要避免四处倾诉秘密。

我们先来看小李的经历：

小李是个刚毕业进入社会的女孩。天真的她原本以为，能有现在的工作来之不易，一定要用心和周围的人交往。可是，谁知，她一直掏心掏肺地对待的王姐居然是个有叵测居心的人。

当时，她刚进这家公司，周围的同事们也不怎么理她，就连中午去餐厅吃饭，都是她自己一个人，她觉得很孤单。后来，有个姓王的大姐倒是挺好，还主动找小李说话，主动帮小李解决了工作中的很多问题，一有时间就对小李嘘寒问暖的，这让小李很感动。一来二往之间，她与王大姐之间的距离就拉近了不少。

后来，王大姐找到小李，她说自己在兼职做化妆品销售，希望小李能跟自己一起做。小李对这类事情一点儿兴趣也没有，便拒绝了。她这才意识到，原来那个看似关心自己的大姐是另有所图。

后来，小李听其他一些同事说，王大姐在公司副总那儿说了自己很多坏话，让副总对自己印象很不好。如今，小李已经工作一年多了，还是在当初的综合办公室，工作毫无起色。小李只能怪自己不应该对他人太过信任，把自己的那点小秘密全部透露给了王大姐。

的确，职场是个容易惹是非的地方。作为职场新秀的女人们，你在说

话、做事上更得处处小心，案例中的小李的经历就给了我们一个教训。你若要想有个好前途，得到提拔和重用，除了要努力提高自己的工作能力之外，更要努力提高自己的职场修养，管好自己的嘴巴。当你兴奋过了头、想把自己的秘密告诉别人时，你最好三思而后行，因为，一时的痛快，很可能会毁了你得来不易的前途。

除了职场外，生活中处处都会遇到这种情况。女人，与人交往，你当然应该坦诚相待，但不要太过单纯，“逢人只说三分话，未可全抛一片心”，保留一些秘密，是保护自己的最好的方法。

当然，这里所谓的秘密，范围很广，涉及方方面面，但总的来说，可以分为以下几个方面。

1. 家庭财产状况

什么该说什么不该说，心里必须有谱。即使再有钱，在社交场合，你也不要拿来炫耀。有些快乐，分享的圈子越小越好。被人妒忌的滋味并不好，因为容易招人算计。无论露富还是哭穷，有时候都显得做作。与其讨人嫌，不如知趣一点，不该说的话就不说。

2. 私人生活

可能你在私人生活上，有些不如意，但不要随便告诉他人，也许你正在倾诉的时候，对方还在心里嘲笑你呢。比如，夫妻情感问题、生理健康、家庭琐事等。当然，对于别人的私人生活，你也不要随便打听。你以为议论别人没关系，用不了几个来回就能绕到你自己头上，引火烧身，那时再逃跑就显得被动。

3. 人际交往问题

在日常生活中，我们难免会对某个人不满，甚至在心里已经骂了此人一千遍。但我们一定要明白，无论你心里怎么想。也不要告诉别人。而且，如果你发现有人在说此人的坏话时，你就赶紧走开，即使走不了，也不要插嘴，只要微笑一下就可以了。

总而言之，人际交往中，女人们，你一定要谨言慎行。只有这样，才能更好地与人相处，也不至于使自己陷入被动的尴尬处境。

心理小贴士

人有很多种智慧，然而，真正能够称得上是人生智慧的就是给自己留点余地。话说要有弹性，做事要有分寸，凡事都要讲究灵活的安排，以使自己回旋的余地更大。否则，一旦被别人抓住把柄，就会在无形之中给自己的人生设置障碍，甚至改变自己的人生轨迹。

尖酸刻薄的女人最讨厌

语言文明看似简单，但要真正做到并非易事。社交生活中，我们可能做不到出口成章、口若悬河，但最起码要做到以“礼”相待，没有人喜欢与说话尖酸刻薄、毫无修养之人交往。

中国是个宽容大度的民族，宽以待人也一直被人们奉为至高无上的行事准则。现代社交中，它仍然十分有用。与人交往，如果待人真诚、和善、大方，谈吐文雅，就会给人留下良好的印象；相反，如果满嘴脏话，甚至尖酸刻薄、恶语伤人，就会令人反感讨厌。哈佛大学前任校长伊立特说过：“在造就一个有教养的人的教育中，有一种训练是必不可少的，那就是，优美而文雅的谈吐。”

然而现实生活中，总是有一些女人，她们衣着光鲜、容貌姣好，但却不讲“礼”，得理不饶人，一旦发现他人的失误，便揪住不放，满嘴脏

话、尖酸刻薄，让人生厌，又有谁愿意与这样的女人交往呢？

的确，那些广结善缘的女人多半都是大度的、修养好的；而那些尖酸刻薄的女人常常孤立无援。

伊娃是个“犀利”甚至可以说是尖酸刻薄的女人。她平时不大开口，但一开口，绝对能将与之对话的人说得不知如何应对。虽然她很优秀，但她的人缘却不大好，因为谁也不希望与一个尖酸刻薄的女人打交道。而正是因为她的尖酸刻薄，也让她几次与好工作擦肩而过。

那天，伊娃来到某公司面试，因为还没有轮到自己，她就去了趟洗手间，要洗手时才发现没有洗手用的香皂。她看见隔壁放着一块，但正好有一位老妇人在用，伊娃原本准备等一会儿，但那老妇人洗得实在太慢了，伊娃就说：“麻烦你快点儿行不行？”

老妇人说：“你没看见我在用吗？”

“一个老太太，再洗也就那样，还能洗回到十八岁去？”伊娃赶紧回了一句。她看到，老妇人眼睛都绿了，她赶紧抢过香皂，洗完就出去了。

可事实上，伊娃正是因为如此，才失去了面试资格。因为这位老妇人正是这家公司的董事长——一个很注重修养的人。她认为，一个对老人都如此尖酸刻薄的人，能有什么大出息？

伊娃失去面试资格，就是因为她太过尖酸刻薄了。假如她在洗手前能把话说好听点儿：“对不起，让我先用一下好吗。”恐怕，最终的结果将会大为改观。由此可见，尖酸刻薄的女人是最让人生厌的。

那么，生活中的女人们，如果你不想被人讨厌，就一定要做到大度、真诚、宽容，而不是尖酸刻薄。具体说来，你需要做到以下几个方面。

1. 热情待人

热情是刻薄的天敌。与人交往，良好印象的形成中，热情是第一个被对方感受到的品质，这也是人际交往中的心理规则。因为人们总是有这样的感觉，那些热情的人肯定会有一些其他良好的品质，如有爱心，乐于助人，对生活保持乐观态度，容易接近等，而这些都是人们在交往中希望看到的。

2. 真诚

与人交往，赢得信任的最基础条件是真诚。一个人只要真诚，总能打动人，因为真诚是沟通人与人心灵之间的桥梁。真诚是一种巨大的人格力量，一旦具备了真诚的人格品质，你在别人印象中就与信用、善良、美德紧密联系在了一起。

3. 态度诚恳、亲切

女人的尖酸刻薄多半都体现在语言上。说话的根本目的在于传达思想、交流感情，与人建立关系等，因此，语言只是一个表达方式。你除了要注意语言外，还要注意说话时的神态、表情。例如，当别人心情不好，你向别人表示安慰时，嘴上表达的是你的关心，但眼神却游离不定等，那对方一定认为你只是在敷衍而已。所以，说话必须做到态度诚恳和亲切，才能使对方对你的说话产生表里一致的印象。

4. 用语谦逊、文雅

你要学会多用这样一些礼貌用语：您好、谢谢、请、对不起、别客气、再见、请多关照等。运用礼貌语，还要注意仪表神态的美。当你向别人询问时，态度尤其要谦恭，挺胸腆肚，直呼其名，或用鄙称，必遭人冷眼，吃“闭门羹”。

总之，女人们，从现在开始，与人交往，一定要展现出自己最好的品质，绝不做尖酸刻薄的女人。

心理小贴士

在这个世界上，没有人喜欢被他人语言攻击，没有人喜欢听难听的话，没有人喜欢被别人数落……这就是为什么尖酸刻薄者最让人生厌的原因。这就告诫人们，不管是说话，还是做事，都要给自己留有回旋的余地。

演好自己在社交中的每个角色

社交中，如何找到自己的位置，或者说如何定位是非常重要的。一个人只有清楚自己的每个角色，才知道自己该做什么，不该做什么，以及什么时候做，怎样才能做好等，也才能承担起责任和角色，更好地立于世。

社会生活中，每个人都扮演着不同的角色，都处在一定的社会关系之中：我们生活在一定的国家、城市；我们有自己的亲人、同事、朋友。我们无论是遇到贵人相助，还是亲人离世，或是职场升迁等，所有这些都在人际间发生、发展、变化，也正是这些人际间的悲欢离合，来来往往，构成了一幅幅生动活泼的画卷，构成了纷繁复杂的社会。现代社会，女人也和男人一样开始参与社交生活，因此，女人们的社会角色也增加了不少。

在家庭中，你是父母的女儿。你应懂得充分地表达自己的情感，懂得和父母倾诉心事，这些都会让你和父母的关系更加密切。

在丈夫眼中，你是妻子，好的妻子应该是体贴的，在丈夫遇到困难时，你应该做他坚强的后盾。你还应该是个温柔的小女人，让丈夫始终能感受到你的爱。

在孩子眼中，你是个母亲，母亲的意义不仅在于生养孩子，还要对孩子的教育起到重要的督导作用。

而在职场，女人还是他人的上司、下属、同事，扮演好这些角色也并非易事。当然，这三个角色还可能是变化的。也许现在是员工，而将来，你也可能成为他人的领导。

当然，一个女人的社会角色还有很多。但无论如何，只有清楚自己的定位，才能扮演好自己的角色。有这样一个故事：

霓虹灯光弥漫的城市中，在一个酒吧的角落里，一个美丽又忧伤的女子喝着闷酒，好像有什么心事。

在酒吧的另一个角落，有一个男人，他在猜度着这位女人：这女人一定是失恋了或者离婚了，如果我现在过去搭讪，然后安慰安慰她，那么，今晚一定会有什么故事发生。

接下来，他端着自己的酒杯来到女人旁边，然后表示自己想要陪女人喝一杯，女人答应了。

女人喝着酒，便开始倾诉自己的心事，她说自己今天在公司被领导骂了，但其实是因为领导没有搞清楚事情的真相。男人十分体贴，安慰着女人，让她不要多想。时间过得很快，在男人的开导下，女人的心情好多了。男人心想，她现在心情好了，会用什么方法报答我呢？正在他想入非非之际，女人开口对男人说："你真是个好人，非常感谢你安慰开导我，现在我要回家了，我老公还在等我。结婚前我们就约法三章，其中就包括不能把坏心情带回家，这就是为什么我晚上来酒吧消遣的原因，不过我今天很幸运遇到了你，再见！"说完，女人回家了。留下了一脸惊愕的男士。

故事中的这个女人是明智的。正如她所说的，我们不要把不愉快带回家。我们不得不承认，她就是个能扮演好自己角色的女人。她之所以去酒吧喝酒，很可能是因为被上司批评了，也可能是因为朋友的欺骗，还可能是因为遇到了其他一些琐事，但她却能把这些坏心情及时排解，想必，她的家庭生活一定很幸福。

当然，人对自己角色的确定，来自两个方面，一方面是自我评价，一方面是他人的评价，同时也是由社会分工确定的。所以，社交生活中，女人的角色也是在不断发展变化的。每个女人，都应该对自己进行一番了解，然后根据这一变化，及时调整自己，才能够在社交中受到欢迎，进而建立良好的人际关系。其实，人对自己角色的认同，就能使人保持一个平

常的心态，在自己的位置上，发挥出强大的力量。

然而，我们的生活中，并非每个女人都能扮演好自己的角色，归根结底是因为她们对自己的角色没有认识清楚，不愿承担责任和义务，不符合角色的要求，久而久之，就造成了角色定位失败。可见，只有确定自己的角色定位，才能扮演好属于自己的角色。

心理小贴士

“世界是一个大舞台，每个人都扮演着一个重要的角色。”一个人要想在社会生活中获得成功，就必须先对自己进行一定的角色定位、扮演好各个角色。而所谓的“角色定位”，就是要明确自己的人生目标，给自己在社会生活中定位。

懂得自制，你会变得更有魅力

社交生活中，人们之所以会做那些让自己后悔的事，归结起来，大多是因为他们只顾满足自己的欲望，面对诱惑和各种矛盾而无法自制，因此做了不该做的事。

生活中，我们常说，“金无足赤，人无完人”，人最大的敌人是自己。只有能够战胜自我的人，才是真正的强者。这就考验到人的自制力。有时候，人的自制力对于我们的意义就好比方向盘对于汽车的意义。如果没有方向盘，汽车就不能向着正确的方向行驶，也无法在该停止的时候停止，在该加速的时候加速，最终的结果要么是停滞不前，要么就是走向毁灭。一个有着强烈自制力的人，就像一个有着良好制动系统的汽车一样，能够在很大程度上随心所欲，到达自己想要去的任何地方。因此，我们可以说，美好人生，就是从自我控制开始的。

社交生活中，每一个女人，也都应该明白自制的重要性。举个很简单的例子，谈判桌上，如果你的对手对你说了不客气的话，你是横眉冷对、进行还击，还是找机会以实力证明自己呢？显然，后者才是明智的选择。然而，要做到这一点，你首先必须要做到自制。再比如，如果你是一个领导，有人给你送礼，希望你能帮他（她）做一件违反纪律或者法律的事，面对诱人的礼品，你怎么办？很明显，果断拒绝！然而，要做到这一点，你依然需要自制。事实上，生活中，这样的情况太多了。我们再来看下面一个故事：

小徐是一家医院的护士，在一天的日记中，她这样写道：

“周六那天早晨，一个女的带一个小孩来打点滴，那女的穿得还有模有样的，没想到素质很差。那天天气一点儿都不热，大概只有27℃。她一来就把输液室的空调打开了，丝毫不顾及其他病人的感受。开就开了，我也没讲什么。但是她倒好，开空调却把我们的门窗全开了。我就说“你开空调至少要把我们窗户关一下” 。我也没觉得我说的有什么过分的地方，那女的立马来一句“好玩呢，不是你来关了吗？你自己的事情不做，要我做啊？”听到这话，我真气得够呛，但是我还是忍了，毕竟有其他病人在，吵起来对其他病人也不好，我就没讲话走了。过了10分钟陆续有病人换地方输液了（都嫌冷），有的病人就讲那女的素质太差。可能是她听到了病人的议论还是自己也冷了，她又把空调关了。关了之后，刚好我在给一个病人输液，她趾高气昂地来了一句“哎，等你弄好，过来帮我把窗户开开。”我听得气死了，她一副命令的口气，好像是应该的。刚好那会儿很忙，我自然是没理她。我也生气，凭什么帮她开窗户啊，她又不是病人，何况那么傲气。又过了10分钟，她居然很没修养地冲到我们治疗室来了，冲着我就来了句“你忙好了吗，忙好了还不帮我来开窗户。我们客人

到你家来还要我开窗户啊！”当时真的很想骂她，想想算了，跟这种没有修养的人计较只能显我修养也不高。说实话上班这么多年这种女人还是第一次碰到，素质太差了。”

从小徐的日记中，我们能知道，她的确很生气，可是她没有对那个女人发火，没有愤怒，从而保全了自己的形象；相反，如果她没有能控制自己，面对这样一个素质差的女人，与她“对着干”，或许她能泄一时之气，可是事后呢，医院的人会认为小徐的修养不好，品质不好，也给人留下一个“泼妇”的形象。我们生活、工作中，总是有这样一些懂得自制的女人，她们不会因为一点点小事而愤怒，她们会以微笑和包容对待侵犯的人。

当然，一个人，要做到自制，也并并非易事。毕竟，与人交往，无论面对矛盾、诱惑，我们都会产生情绪。但只要我们能把培养自制当成一种性格、一种习惯，那么，你就能做到。具体来说，有以下几种方法。

1. 用目标控制

思想是指导行动的指南。只有从思想上认识到自制的重要，树立保持自制的目标，才能排除那些干扰我们的因素。

2. 让自制成为一种习惯

这一点，应该从日常生活中逐步做起。比如你可以给自己安排一个比较容易抽出的固定时间，规定在这个固定时间内，只能做哪些事情。例如，每天晚上十一点（睡觉前），喝一杯牛奶，这是很容易做到的，你的头脑会渐渐地变得愿意执行任务。在习惯之后，你再逐步加入一些难度大的任务，当一切形成习惯之后，自制力也就随之形成了。

3. 看清事实，抵制诱惑

社交生活中，对你产生诱惑的东西实在太多了。面对诱惑，只有看清事实，才能抵制住。

心理小贴士

我们任何一个人，要想培养坚定自制力，首先要从思想上认识到自制的重要，然后才能自觉地培养。只有坚决地约束自己，才能战胜自己。

第四章 女人世事洞明皆学问——社交中的心理原则

毕淑敏曾说，女人难得的是智慧，多的是小聪明，缺乏的是大清醒。的确，过多的脂粉模糊了她们的双眼，狭隘的圈子限制了她们的想象力。生活中的女人们，可能你并不同意这一说法，但我们不得不承认的是，一个女人，要想在社交生活中如鱼得水，就必须要懂得“世事洞明皆学问”的道理，并掌握一些心理学原则，才能在与人交往中真正把话说得天衣无缝，把事做得滴水不漏，才能真正赢得他人心！

把别人当傻子的人是真正的傻子

人生在世，谁都希望自己聪明，这固然是一件好事。聪明者做人做事都能事半功倍。然而，人际交往中，如果一个人总是毫无顾忌地滥用自己的小聪明，把别人都当成傻子，想要耍弄对方，那么，他就是真正的傻子。

生活中，细心的女人们，你是否发现，在你的周围，总有那么一些人，自以为自己很聪明，凡事头头是道，貌似高人一等。于是，经常卖弄自己的那点小聪明，与人交往，她总是口若悬河、滔滔不绝，处处显示自己的过人智慧，甚至愚弄他人。殊不知，这样，对方会以为你把他（她）当傻子。在日后的交际中，对方自然也不会让你好过。人们常说，作为一个人，最难得的品质有两种，即善良与智慧。智慧若是与善良结伴，那便是大智慧；智慧若是孤独前行，那就只能是小聪明。人生需要的是大智慧，而最忌讳的则是小聪明。女人们，可能你很优秀，内心深处有一种优越感，更希望展现出自己的聪明才智。但你需要记住的一点是，人际交往中，耍小聪明并不是真的聪明；你若把他人当傻子，那么，你才是真的傻子。

的确，小聪明难成大事。任何小聪明都是容易被人察觉的，小聪明越多，破绽就越多。然而，生活中，的确有些女人爱耍小聪明、爱占便宜：占他人的便宜，占合作伙伴的便宜，占规则的便宜……结果是，她把自己的活动空间和人际关系网搞得越来越狭小，这正是“聪明反被聪明误”。

因此，女人们，无论你未来在社会中的社会地位、生活状况如何，想要有良好的人际关系，都不能耍小聪明。

吴菲是某公司市场部的一名专员，平时她和女经理的关系不错。但自从一件事后，经理仿佛一下子看清楚了自己一直信任的下属的真面目。

有一天，公司要为新产品的设计方案开会。在会上，主管把方案拿出来给全体员工看，让大家发表一下自己的意见。当大家在一起议论纷纷时，吴菲对旁边的同事窃窃私语地说："咱们经理可不喜欢黄色。上次有个项目落成仪式的时候，她亲自让我们把黄色给换了。"于是，这消息一传十、十传百，大家也都建议换掉方案上的黄色，而这也传到了经理的耳朵里。

经理知道此事后并没有大动肝火。到了年底时，除了吴菲之外，经理给所有人加了薪水还有额外的红包。吴菲自然气愤难耐，断然地辞了职。但在走之前，她才知道自己错在哪里，还是从同事那里听来的："当你的下属发表意见的时候，你却不能肯定她是否心口一致，这不是挺可怕的吗？雇这样的下属，给她发工资，还得花心思研究她的心理活动，太划不来了。"

故事中的女职员是个典型的因为卖弄自己的小聪明而丢了工作的人。作为领导，都希望自己的下属在自己面前是个透明人；否则，你在百忙中还得花心思研究你的下属在想什么，还要给她工资，实在划不来，也耽误工作。

其实，职场中不乏这些例子。我们可以发现，在同一个公司，有两个能力差不多的女职员，一个玲珑剔透，一个略显木讷，最后往往是木讷的那个女职员得到提升。并不是上司看走了眼，而是玲珑的那个小聪明太多，这让她的上司觉得很不舒服；而那个略显木讷的女职员，则能让上司很安心。

其实，不仅与领导相处，与任何人打交道，我们都不能把别人当成傻子。即使你对对方有什么不满，也大可以直接开口，搞小动作只会让对方

生厌。

因此，生活中的女人们，你要努力完善自己，克服人性中的弱点，踏踏实实走好人生的每一步，而不靠耍小聪明走捷径。无论是为人还是处世，“小聪明”的计谋不会长久，“山外有山，人外有人”，你的那点小聪明一旦被人看穿后，对方会有一种被欺骗的感觉，而你也将会为自己的小聪明付出代价。相反，踏实、虚怀若谷才是一种大智慧，有大智慧才有大境界，才会赢得别人的信赖与支持，才有大人生，大人生才是至诚至善的人生。

心理小贴士

有一句名言说得好：你可以在某些时候欺骗所有的人，或可能在所有的时候欺骗一些人，但是你不可能在所有的时候欺骗所有人。无论何时，我们都千万不要把别人当“傻子”，凡事将别人当傻子，认为自己聪明的人，其实是这个世界上最大的傻瓜。

太过精明，会让对方产生警惕心理

与人交际的过程中，我们要懂得适时“装傻”的技巧，不显露自己的精明，更不能纠正对方的错误。装傻可以为人遮羞，自找台阶；可以故作不知达成幽默，以让别人放下心中的警惕和芥蒂，成功地攻破人心。

生活中的女人们，你是否有这样的感受：在一次聚会上，你的朋友为你引见了两个新朋友，她们一个看起来很精明，说话头头是道，毫无破绽；另一个稍显愚钝，甚至不知如何接下你的话题。对于这样两个人，你会觉得谁更值得信任呢？很明显是后者。因为人们都有这样的心理：精明的人在人际交往中目的性更强，甚至更会耍心机。因此，社交生活中，聪明的女人们，你要学会装装糊涂，让自己永远处于“愚者、弱者”的角色上，让别人忽略自己。这样能消除他人心中的芥蒂，从而有利于更进一步的交往。

李华是一家软件公司的编程人员。可以说，她是个很有能力的人，她思维开放，口才好，而且非常聪明，不管是老板还是同事都非常欣赏她。一有重要的事情，老板总是让她去做。她也从来不谦让，她觉得自己能力出众，应该得到重用。

李华不但一个人独自垄断了老板下派的所有任务，还经常去抢下派给别人的工作。她总是说：“这个活太难了，还是我来做吧，你做我不放心。”一次两次，大家都觉得没什么，可是时间久了，引起了同事们的强烈不满。

渐渐地，同事们再也不愿意和她说话了。但是，李华觉得自己并没有做错，谁让他们没本事呢？

没过多久，部门主管辞职了，公司高层决定采用民主投票的方式，让员工选择自己的领导。李华觉得这个主管的职位非她莫属，因为在全公司的同事当中，她的学历最高，能力最强，甚至起着顶梁柱的作用。

但是，最后的投票却让李华大失所望，除了自己给自己投的一票外，其余的同事没有一个给她投票的。

新上任的主管把李华肩上的重任给完全地卸了下来，总是让她去做一些鸡毛蒜皮的小事。

至此，李华总算明白了过来，一个人能力再强，如果不会处理人际关系，终究会自绝后路。但是，为时已晚，李华不得不委屈地离开了。

这个故事中，李华非常有才，但是她不懂得顾及别人的感受，一味地恃才逞能，表现得太过精明。虽然她的内心得到了满足，但是别人的内心却遭受了严重的羞辱和伤害。她的过于强势，让同事们感觉到自卑和没用。只有把她打压下去，别人才能和睦相处。

所以，女人们，即使你才华横溢，也要适当地收敛一些，不要到处张扬炫耀，同时要懂得给别人一个展示才华的机会。每个人都希望有个自己的舞台，不要轻易剥夺别人的这个权利。你剥夺了别人的权利，别人自然拼命地挤兑你，排斥你。的确，很多事情，对你来说非常容易，但是对别人来说未必简单，切不可“知之为知之，不知为不知”。在这种情况下，就算你知道，也不妨假装不知道，给别人个机会，让别人也能表现一下。即使别人没有你做得好，也要给予肯定。事事都想自己表现，你的虚荣心满足了，但是别人的自卑感却更加强烈了。

事实上，揣着聪明装糊涂才是真正的聪明。如果你是一个才能出众的人，要学会有意无意地卖点儿“傻”，学会隐藏自己的光芒才是最重要的。这样才使人觉得亲近，更容易让人接受，更是让自己生存下去的重要方法。

在聪明人面前装糊涂，可以避免不必要的尴尬；在愚蠢者面前装糊涂会得到认可和肯定；在上级面前装糊涂会避免遭受打压；在同事面前装糊涂可以避免受到排挤；而在下级面前装糊涂可以得到下级的爱戴和拥护。但有一点必须要记住，即在需要你发挥才能的时候，一定要竭尽全力地把事情做得尽善尽美。

所以，当今社会，交际应酬中，女人们，你不要表现得太精明，显露才华也要适可而止，适当的时候装装傻。当然，装傻也需要很好的技巧；否则，如果没有掌握得恰到好处，反而会弄巧成拙。这就考验到你见机行事的能力。聪明的人会故意装傻，交际中给自己留有余地，对周围的人和事运筹帷幄。

心理小贴士

会装傻的人才是真聪明，才有大智慧。我们在与人交际应酬的过程中，切忌锋芒毕露，要学会圆润处世，要学会半开半合，微醉微醒，做个装傻的明白人！

多做少说，才能取信于人

人际交往中，人们更相信自己的眼睛所看的。我们要想取得他人的信任，与其口若悬河，不如用行动证明自己。

我们都知道，女人是天生的“语言学家”，她们喜欢用语言表达自己的情感。这是女人的优势，但很多时候，这也成了劣势。我们发现，在与人交往的过程中，很多女人都喜欢喋喋不休地表达自己的观点，一打开话匣子就难以再止住。稍有一点成绩，就生怕别人不知道，就开始到处“宣传”。她们误以为表达清楚也可以得到对方的信任，而实际上，人们更相信自己的眼睛所看到的。获取信任的最佳方法并不是说，而是做，因此，在说之前，你不妨付诸行动吧。

我们先来看下面一个故事。

曾经有一位科学家针对一批受过训练的保险推销员进行了研究：

在这批推销员中，科学家分别抽出了业绩最好的和最差的10%，然后对这两批推销员进行抽样分析，结果发现一个问题：同样是受过训练的推销员，之所以在销售业绩上有如此巨大的差异，有个很重要的原

因——说话的多少。业绩差的那一部分人，每次推销时的说话时间累计平均为30分钟；而业绩最好的那一部分人，每次推销时的说话时间累计平均只有12分钟。

为什么只说12分钟的推销员却会取得比说30分钟的人好得多的成绩呢？很简单，人们更愿意相信那些多做少说的人。古语有云：君子三缄其口。古语亦有云：不得其而言，谓之失言。人际交往中，如果你想取信于人，就一定要以高标准来要求自己，让自己多做，少说。

杰妮是个勤奋的女孩子，在大学期间就一直很优秀。后来，她又考取了企业管理的硕士。毕业后，她顺利来到一家国际性的化学公司工作。因为学历相当，刚进公司，她就被安排在了管理层的职位上，这令很多人不满意。尤其是那些和她年纪相仿的年轻人们，他们纷纷在背后说："一个小丫头片子，能有什么能力，只不过是空有高学历而已。"为了服众，杰妮请求也从基层做起，这令上司很欣赏。

但杰妮是个慢性子的女孩，她做什么事都很慢。就连最基本的业务，别人需要半个月时间学习，她则需要两个月。这让那些嘲笑她的人更加质疑她的能力了。但杰妮并不着急，慢慢学着、记着。为此，她的上司也开始为她着急："抓紧点儿，杰妮，动作快一些！"

然而，杰妮的速度似乎还是那么慢条斯理，永远都不着急。看到杰妮蜗牛般的速度，人们开始不满，并用各种语言嘲笑她："如果杰妮中午为我们买快餐，估计我们要成饿死鬼了。"

即使他们这样说，杰妮也没有生气，也没有说任何话，而是还按照自己的进度工作、学习。

就这样，杰妮来公司也已经半年了。此时，公司决定举行一场专业知识和业务能力考试，而第一名将会被选拔为公司储备干部。

令大家奇怪的是，平时少言寡语、工作速度缓慢的杰妮却一举夺得了第一名。此时，他们才明白，做得多才是成功的硬道理。公司所有员工都被杰妮征服了。从那以后，杰妮成为大家信服的对象。

这则故事中，杰妮是怎么做到让全公司的人信服的？就是行动！刚开始，她的工作慢条斯理、不急不躁，看似愚笨，甚至被他人嘲笑，但她并不生气，也不与之辩驳，而是拿行动来证明自己才是最优秀的。这一点，值得所有渴望获得他人信任的女人们学习。

当然，女人们，你需要克服自己爱说的弱点，并不是说你什么都不能说，而是要做到该说的说，不该说的绝不可胡说、乱说。更重要的是，你还要付诸行动，当他人看到一个行胜于言的女人时，自然会对你信任有加！

心理小贴士

我们每个人都有一张嘴，语言也是人际交往中最有效的沟通方式，但要想取得他人的信任，却不可说得过多，因为人们更愿意相信自己看到的而不是听到的。

先坦露内心，有利于你更进一步了解别人

我们在与人交往之初，都希望双方能进一步了解。但出于防备心理，人们都不愿意坦露内心。此时，如果我们“坦白交代”，先暴露点自己的小缺陷，似乎更显真诚与可爱，更有助于打消对方的心理防备，从而有利于你进一步了解别人。

不得不承认，我们每一个人都是有不少缺点和毛病。在和别人接触时，我们会尽量地掩饰这些不足，以呈现一个完美的自己给对方。因此，

我们总是小心翼翼地与他人保持着一定的距离。我们是这样的，别人也是这样的。因此，为了能迅速地和他人拉近心理距离，要适当把你的缺点和不足暴露给对方。让他人感受到你也是有缺点的，从而打消害怕自己的缺点被人发现，受人嘲笑的担忧，这样对方的戒备心就会松懈。那么，对方也会对你坦白内心。

因此，生活中的女人们，与人交往的过程中，你不要再苛求完美了，要想了解他人，你先要主动暴露自己。

在新的工作环境里上班的第一天，黄小美感觉到非常的不习惯。不仅仅是因为新的环境不适应，更主要的是和新的同事不熟悉。尽管随着时间的推移，她终究会和他们打成一片，但是黄小美可不想把主动权交给时间。

于是，这天中午，她利用午休的时间，和同事玉环聊起了天。由于刚刚认识，玉环对她抱有很强的戒备心。双方聊了聊天气，聊了聊拥堵的路况，就没了话题。而且玉环表现得非常矜持，没有多发表意见。

这时候，黄小美说："我这人方向感特别的不好，今早上来的时候走错了地方，我还一个劲地敲门呢，结果走到了隔壁楼。幸亏一位大姐的热心帮助，我才找到了这边来。你说我是不是太笨了点啊？"

玉环笑着说："这不算什么，我当时直接坐反了车，还一直纳闷呢，怎么没有当时说的那个公交站点啊？直到车到了终点，不再走了，我还疑惑呢，后来问了乘务员才知道原来自己坐反了，当时好丢人啊。"

就这样，黄小美和玉环之间的话慢慢多了起来，玉环也不再显得那么矜持了，而是畅所欲言，再加上两人年龄相仿，聊的话越来越多。黄小美嗓门很大，玉环也不再装淑女了，没心没肺地开怀大笑起来。她们很快由陌生人成为了无话不谈的朋友。

黄小美再也不觉得难受了，她在这个新环境里有了朋友，再也不孤独了。

故事中的黄小美和玉环由于刚认识，所以彼此之间都很有戒心。后来在暴露了彼此的不少缺点之后，双方的心理距离迅速拉近了。由此可见，暴露缺点，让他人感觉到你的真实，进而跟真实的自己进行比较，觉得安全，然后才会慢慢敞开心扉。

那么，向对方暴露自己的缺点时，要注意哪些方面的影响因素呢？

1. 暴露自己无伤大雅的往事

比如，闲暇时，你可以和同事闲聊自己曾经失败的事，这比谈自己成功的事，更易拉近彼此间的距离。因为老是炫耀自己成功的光荣事情，容易让人产生反感，而留下不好的印象。这样，我们就避免了故意犯错，因为首先在态度上我们已经示弱并表示了友好，对方没有不接受的道理。

2. 把握好暴露自己的度

暴露自己，要在不伤及大局的情况下进行，对于这个度，我们要把握好。因为，“过多地暴露”或者“和盘托出”都会存在风险。过度地暴露自己，很可能会让对方顺着你的思路去思考和评价你，最终导致的结果是让对方远离你。因为，和不喜欢“完美”的人一样，人们也不喜欢满是缺点的人。

因此，提倡“自我暴露”，并不是让你把自己的“老底”都揭给对方看，不分场合和对象地将自己“暴露无遗”。比如，在职场，我们不能因小失大，不能因为讨好同事或者领导，而让自己犯一些原则上的错误，比如账目问题、工作态度问题。我们不妨选择暴露那些不会影响到整体形象的“小事件”、“小缺点”、“小毛病”等，正因为这些小瑕疵的存在，我们会显得更真实，更可爱。

3. 暴露缺点忌埋怨人

很多人在向别人暴露缺点的时候，不是在说自己的毛病，而是在抱怨别人。这样会让别人感觉到你不会很好地处理人际关系，而是在怨天尤人。和你接近，如果出了问题，你也会抱怨他（她）。因此，对你有了成见和看法。实际上，你的坦诚并没有换来别人的亲近；相反，导致别人的

心理戒备更强，和你拉远了关系。

心理小贴士

人际交往，要想消除彼此的戒备心，最好的办法莫过于先暴露自己，尤其是自己的一些无伤大雅的小缺点，会让他人产生如“这个人有点小缺点，但是其他方面挑不出毛病来，是个相当不错的人！”这一想法，那么，对方自然也会对你敞开心扉。

要赞美，但不要奉承

社会心理学家认为，受人赞扬、被人尊重能使人感受到生活的动力和做人的价值。赞扬能释放一个人身上的能量，调动一个人的积极性。世界上没有一个人不喜欢被人称赞。时常用使人悦服的方法赞美人，是博得人们好感的好方法。

我们都知道，语言是人际交往的基本工具，那人们都爱听什么话呢?很简单，人性的弱点告诉我们，人们都爱听恭维的话，人类都是禁不住恭维的动物。我们不难发现，那些嘴甜、喜欢赞美他人的女人，总是比较吃香。的确，当一个人听到别人的恭维话时，心中总是非常高兴，脸上堆满笑容，口里连说：“哪里，我没那么好”，“你真是很会讲话！”赞美虽是一件好事，但绝不是一件易事。女人们，你需要特别记住的是，人们都喜欢赞美，但不喜欢被人虚情假意地奉承。因此，赞美别人时如不审时度势，不掌握一定的赞美技巧，即使你是真诚的，也会变好事为坏事。所以，赞美的话不是随便说的，一定要有的放矢，说到对方的心坎上才能起到作用。

我们先来看这样一个故事。

从前，一个秀才高中，马上就要到京城做官去了。离别前，他要向自己的老师拜别。

恩师对他说：“京城不比家里，那里人心险恶，你需要求人办事的地方多了，切记一定要谨慎行事。”

秀才说：“老师您放心吧，我早已有所准备。”

恩师说：“你准备什么了？”

秀才说：“现在的人都喜欢听好话，我为他们准备的是一百顶高帽子。见人就送他一顶，不至于有什么麻烦。”

恩师一听这话，很生气，以教训的口吻对他说：“我不是曾经教育过你吗？做人一定要正直，你怎么能这样呢？”

秀才说：“老师您别生气，这世道就是这样啊，要知道，天底下像您这样不喜欢戴高帽的能有几人呢？”秀才的话一说完，恩师就得意地点头称是。

从老师的家中出来后，秀才就笑着说：“我准备的一百顶高帽子现在只剩九十九顶了！”

这个故事虽然是个笑话，但却说明了一个道理，那就是谁都喜欢听赞美的话，就连那位教育学生“为人正直”的老师也未能免俗。这一现象是有一定的心理原因的，因为人都有一种获得尊重的需要，即对力量、权势和信任的需要，对地位、权力、受人尊重的追求，而赞美则会使人的这一需要得到极大的心理满足。

因此，生活中的每一个女人，都应该从这则故事中获得启示。一般来说，女人比男人更善于说他人喜欢听的话。但你还需要注意，运用赞美的语言来达到我们的目的，我们还必须要注意一些问题，凭空的、空泛的赞

美谁都会，仅仅是几句好话而已，但这起不到赞美的作用，反而还会弄巧成拙。

那么，怎样才能将赞美的话说到对方的心坎上呢?

1. 态度要真诚

赞扬的目的是激励，是褒扬真善美。抱有某种不可告人的目的，以溢美不实之辞，极尽吹捧逢迎之能事，只会引起别人的反感。比如，当对方恰逢情绪特别低落，或者有其他不顺心的事情，过分地赞美往往让对方觉得不真实，此时一定要注重对方的感受。

2. 赞美对方最引以为豪的成就

每个人都有自己最引以为傲的优点或成就，他们尤其希望能引起他人的重视，赢得别人的认同。因此，我们在赞美他人的时候，要始终不忘赞美对方最自豪的成就。

3. 从细节赞美

空洞的、泛泛而谈的赞美只会让对方怀疑你赞美的真实性；而从细节上赞美，更有力、更真实，更能让对方产生快乐。比如，你想赞美对方今天穿的衣服好看，你可以说：“我觉得这种款式的衣服衬得你的身材更好了。”

4. 措辞一定要准确、得当

在赞扬别人时，语言不要含糊不清，如果你拿捏不准用什么词赞扬对方，还不如保持沉默，因为那些含糊的赞扬往往比侮辱性的言辞还要糟糕。诸如“嗯，还行”、“挺好”和“没那么糟”，只会让对方觉得你很讨厌。

5. 别一味地赞美

适当的赞美，会让对方听着很舒服，也会很受用；可是，过多的赞美，则会显得做作和虚伪。所以，抓住重点赞美，避免赞美之言泛滥，也是我们在赞美他人时应该注意的。

可见，赞美他人需要技巧，不是简单地夸赞他人几句就能起到良好的效果，胡乱吹捧也只会适得其反。同时，赞扬还应该把握度，不能太过火。只有适度的赞扬才会使人心情舒畅，否则就会使人感到难堪、反感或觉得你在拍马屁。

心理小贴士

赞美是一种健康洒脱的人生姿态，透视着一个人的精神内涵和人格底蕴。赞美不仅能使人的自尊心、荣誉感得到满足，更能让人感到愉悦和鼓舞，从而会对赞美者产生亲切感，相互间的交际氛围也会大大改善。因此，喜欢听赞美就似乎成为人的一种天性，是一种正常的心理需要。

给他人面子，就是给自己面子

与人交往过程中，女人们，无论遇到什么事，都应该平和对待，尽量给足他人面子。实际上，给他人面子，就是给自己面子。

我们都知道，中国人最重视面子，面子就是尊严，伤什么都不能伤面子。在很多人的心目中，面子是尊严的代名词。生活中，也有很多人，无论何时，都为自己做足面子：囊中羞涩却硬要做人，因为面子上过不去；生活困难也不求助，为爱面子；不愿作为却勉强为之，为给面子……面子，实在太重要了。丢失了面子，就丢失了光荣，失去了光彩，贬低了身份，感到脸上无光，心中无味。日常生活中，很多时候，我们评价一个人够不够朋友，往往看他（她）“会不会给我们留面子”。假如一个人能把

这种种“面子”都熟稔了，都做到了，在朋友们眼里，他（她）就算是个很会做人的人了。这样的人，往往在人际交往中如鱼得水。而那些说话、做事不经过大脑的人，常常会因为一句无心之言伤了朋友面子，自然“失道寡助”。

因此，聪明的女人们，你需要记住，任何一个善解人意的女人，都不会让他人失了面子。我们来看看“第六枚戒指”的故事。

美国经济大萧条时期，有个姑娘，高中毕业以后，来到一家珠宝店上班，她很珍惜自己的工作。为此，她努力地工作着。

就在圣诞节的前一天，在她当班的时候，珠宝店来了一个衣衫褴褛的顾客。她很明白，这个贫民顾客只不过是看看而已，因为他买不起。

这名顾客在店里随便溜达着。此时，电话响了，年轻的姑娘去接电话。突然，她一不小心撞翻了放在展览柜上的一叠钻石，6枚钻石就这样掉在了地上，她赶紧蹲下去捡钻石。可是她找了半天，却只有5枚。她抬起头，看见刚才那个男人正要向门口走去，她很清楚一点，那就是第六枚钻石一定被他拿走了。于是，她赶紧站起来，柔声说道：

“请等一下，先生！”男子听到姑娘的话后停止了脚步、然后转过身来。

“什么事?”男人问。但年轻姑娘并没有回答。他开始紧张起来，便重复了一下自己的问题：“什么事?”

“先生，今天天气很冷，我们还得工作，没办法，现在工作真是很难找，我想您也深有体会，是不是?”姑娘神色黯然地说。

听到年轻姑娘的话，男子久久地凝视她，终于一丝微笑浮现在他脸上。他说：“是啊，真是不容易，但我相信，你一定会取得好的成绩的。我可以为你祝福吗?”他向前一步，把手伸给姑娘。

“谢谢您的祝福。”听到男子这么说，年轻姑娘也伸出手，两只手紧紧握在一起。姑娘用十分柔和的声音说：“我也祝您好运！”

男子在握手后，说了句再见就转身离开了，而姑娘却站在原地，久久没有说话。男子已经走远了，她才转身走到柜台，把手中握着的第6枚戒指放回原处。

这个故事同样可以证明“给他人面子，就是给自己面子”的道理。这位年轻姑娘所用的方法是值得我们效仿的。她既拿回了钻石，又为这位贫民顾客保留住了面子。相反，如果面对这种情况，她大喊大叫或者而严厉地质问对方，执意追查都会让这个贫民怀恨在心，甚至可能对她实施报复行为。

然而，社交生活中，女人们，可能你也发现，我们的交往对象，常常会说一些不合时宜的话，做一些不合时宜的事，或者彼此间产生了矛盾而使得交际陷入难堪境地。那么，此时，你该如何做才能维护他人的面子呢？

1. 找个借口，帮对方找一个台阶

如果对方陷入了交际中的窘境，那么，此时，你千万不要落井下石或取笑他（她）。在这种情形下，你应该为他（她）打圆场——换一个角度或找一个借口，以合情合理的解释来证明对方有悖常理的举动在此情此景中是正当的、无可厚非的。这样一来，对方的尴尬解除了，正常的人际关系也能得以继续下去。而我们在无形中与对方的友谊也更加深厚了。

2. 转移话题，制造轻松气氛

人与人毕竟是不同的，即使是朋友关系，也会因为意见不合、观点不一致而争论，甚至在一些问题上互不相让。此时，如果你只有偃旗息鼓，才不至于将问题恶化，最巧妙的方法之一就是转移朋友的注意力。

如彼此之间为了某个问题争得面红耳赤，僵持不下时，可以适时说一句“要把这个问题争得明白，比国家足球队赢球还难”；或者说一个笑话，让双方的情绪缓和下来，在轻松的气氛中让尴尬消失殆尽，使交际活动得以顺利进行。

3. 不要与朋友争抢光彩

一个精明的英国人曾经说过：“一个人在世界上可以有许多事业，只

要他愿意让别人替他受赏。”有时候，我们要学会牺牲个人荣誉，你可以让别人代你接受因你的设想或发明而得到的荣誉。如果你与你的朋友的关系十分牢固，你会发现这种做法将会有利于长远的利益和奋斗目标。而如果你为了一己之利，把朋友的功劳抢了，脸是露了，却失去了更为宝贵的友谊。

心理小贴士

社交生活中，为他人留面子是维护感情的最有效方式之一。日常交往中，我们必须从善意的角度出发，以特定的话语去调节人际关系，帮他人保住面子，也可以使我们在交际场合左右逢源。

获得尊重的前提是尊重他人

人生智慧背囊里有一个秘诀，那就是待人接物要平易近人，温和谦逊。尊敬他人，就是尊敬你自己。不论你有多么伟大，多么成功，要想获得他人的尊重，首先你就要尊重别人，这样你才会拥有别样的人格魅力，才会受到他人的尊敬和赞美。

我们都知道，人都是社会的人，都生活在一定的社会群体中，都不可能做到“与世隔绝”。因此，在与人打交道的过程中，我们不仅要考虑自己，还要考虑他人。一个女人，要想获得良好的人际关系，就不要忘记修炼自身魅力，而这魅力的增加并不是投资外在——穿着打扮，而是有赖于品位修养的提高。一个真正有人格魅力的女人懂得如何从内到外修饰自己，增强自己的气质，而处世智慧就是女人自身修养的一个很重要的部分。

因此，生活中的女人们，无论你是个多么不平凡的女人，你都应该平等对待他人。因为人生而平等，每个人的人格也都是平等的，没有贵贱之分。对人不尊敬，首先就是对自己的不尊敬。英国有这样一个故事。

一次，女王维多利亚忙于政事，冷落了丈夫。晚上，维多利亚才认识到自己做错了，就准备向丈夫道歉，回家后，她敲门，丈夫问："谁?"

回答："女王。"门并没有开，维多利亚继续敲门。

丈夫又问："谁?"

维多利亚和气地说："维多利亚。"可是门依然紧闭。

维多利亚很生气，但想想还是算了。于是，她继续敲门，并温和地回答："你的妻子。"结果，丈夫马上笑着打开了房门。

维多利亚女王是个很伟大的女性，可是她在丈夫面前只是一个妻子，她和她的丈夫是平等的。而当今社会，一些女人因为自己拿着高收入、拥有可以炫耀的资本，就自认为高人一等。人际交往中，她们也总是摆出一副"人上人"的姿态，这样的人也很难获得别人的尊敬。

她是一个外企的职员，收入颇丰。但她还是不满意自己的现状，总想着要重新去找一份工作，重新开始一种生活，她已经厌倦了这里的一切。同事关系是一个因素，在公司她没有要好的女同事，也找不到人和她聊天。不知道是在一起时间长了，还是彼此"道不同不相为谋"，她觉得她们世俗得可怜。对待身边的亲戚，她永远是敬而远之，永远是那种鄙视的眼神。对待周围所发生的一切，她也常常会嗤之以鼻……久而久之，她的这种做派招来了同事的疏远、主管的找茬儿，可她还是不愿意改变自己。但是最近发生的一件事终于让她明白，原来自己错了很久。

有一天，她像平常一样，穿着价值两千多元的真丝连衣裙出门准备上班。虽然她知道大家还是不欢迎她，可是她才不会顾及这些，没必

要和那些世俗的女人计较……正想着这些的时候，只听她惊叫了一声：“啊——”因为环卫大妈的扫帚扫到了自己的裙子上，一个脏脏的印子落下了。今天还怎么上班？一想到到办公室会被人笑话，她便把所有责怪都发泄在了这位大妈身上。“你是怎么扫地的，不会看着点啊？我的裙子很贵，还有，我怎么去上班？”一连串的话从她的口中冒了出来。

“对不起，小姐，刚刚是你自己撞在了我的扫帚上的，不过我会赔的，要不我给您擦擦？”老人从口袋里掏出一块手绢正要给她擦，她下意识地往后一躲。

“别让你的脏手碰到我的衣服，越擦越脏。你赔？你怎么赔？就这样赔吗？”“我这里有三百块钱，要不重新买一件吧，应该够了吧。这是我刚发的工资。”“三百？我这衣服三千，像你这样的人赔得起吗？你说怎么办吧。”老人真不知道怎么办了。这时候很多人围了上来看热闹。她从人群中听到一些话：“这么漂亮的姑娘怎么这样啊，不就一件衣服，至于吗？”“是啊，即使是女王也不能对一个老人这样啊，况且好像还是个知识分子呢。”“人和人之间是平等的，职业也没有高低贵贱之分啊。”听到这些话后，她感觉好像脊梁骨被人戳了一下似的，趁着慌乱走了。

她是个美丽的白领，有着人人羡慕的职业，本应受到社会的尊敬和羡慕，可是她的行为却招来人们的愤慨和谴责。她觉得自己高人一等，因而瞧不起别人，不能给予别人适当的尊重，自然也无法获得别人的尊重，反而让自己落入尴尬境地，难以收场。

可见，人际交往中，聪明的女人们，如果你趾高气扬，不可一世，即使社会地位再高、事业再成功，你也会被人“瞧不起”，因为你在人格上已经失败了。真正的智慧女人知道如何对待身边的每一个人，知道用自己的人格魅力去征服别人。

其实，尊重别人很容易，尊重了别人，别人也会尊重你。即使那个人是你不喜欢的，那么，请你尊重他的语言，把他的话当成“话”来对待，受到帮助说声“谢谢”，做了错事说声“对不起”。尊重他人，其实也是尊重自己。为此，让我们都能拥有这种美德，让幸福之花处处开放吧！

心理小贴士

尊重别人是一种美德，受到别人尊重是一种幸福。但尊重是相互的，想要别人尊重你，首先你要尊重别人，不要把自己的快乐建立在别人的痛苦之上，尊重是做人最起码的准则。

真诚宽宏，才能交到真朋友

人际交往中，人与人之间，难免会产生一些摩擦。如果我们能做到大度能容，以一颗真诚宽宏的心对待、宽容对方，那么，你的宽容必定会换来对方对你更大的宽容。

俗话说得好："人非圣贤，孰能无过，金无足赤，人无完人。"英国谚语也说得形象："世上没有不生杂草的花园。"阿拉伯人更说得风趣："月亮的脸上也是有雀斑的。"生活中每个人都有情绪低落的时候，即使再清醒的人在心情烦躁的时候，也会做出一些不太清醒的事；在心情郁闷的时候也难免会说出一些偏激的话；在这样心情的影响下，我们的朋友难免会对我们说一些过火的话，或者做了一些错事。这很正常，事情过后他们也会为自己的言行后悔不已。对此，如果你耿耿于怀，对朋友苛刻，那么，这就是给你们的友谊拴上了一道沉重的枷锁。不仅是给自己的心灵施压，也会赶走你身边的朋友。

人们常说，宽容的女人最美丽。美丽的女人们，你可以宽容孩子的调

皮、宽容丈夫的懒惰，那么，不妨也对你的朋友宽宏一点吧。因此，如果在人际交往中，你也遇到这样的情况，那么，你该将心比心，学会理解和宽容朋友，理解别人就是理解自己。要“得饶人处且饶人”，对朋友的宽容就是对自己甚至是你们友谊的一种更高层次的升华。

古时候，有个智者，他有一群学生。

一天，有个学生抱怨有人总喜欢跟自己比，已经影响了自己的学业。

智者问这学生，你喜欢吃苹果吗，学生愕然，但还是回答：“不喜欢，但喜欢吃雪梨。”

“你不喜欢吃苹果？”

“对。”

“那有没有人喜欢吃苹果?”

“当然有！”

“那你不喜欢吃苹果是苹果的错吗?

学生笑笑：“当然不是！”

“那你不喜欢他是他的错吗?”学生听完，终于明白了。

从这一段对话中，我们可以发现，其实很多时候，人与人之间交往中，我们会把朋友犯得一些小错误放大。其实，这并不是朋友的错，只因为我们错误的心态，只要我们宽容一点，就没有解不开的心结。正所谓“海纳百川，有容乃大”，宽容是一种仁爱的光芒、无上的福分，是对别人的释怀，也是对自己善待，更是让友谊长久的灵丹妙药。

然而，我们发现，其实生活中有不少这样的女人，她们凡事好争斗，非得争个是非对错，甚至得理不饶人。长此以往，她们发现，身边居然一个知心的朋友也没有。其实，原因在于她们自己。要知道，只有多一些宽容，友谊才会长久；多一些谅解，友谊才会更加坚不可摧。

的确，我们不得不承认，很多朋友之间的友情就是由于无法彼此互相谅解和宽容而土崩瓦解，让人为之叹惋！而当我们以宽容的心来对待时，我们的朋友就会被我们高贵的品质、崇高的境界以及人格力量所折服，彼此之间的友谊就会更加牢固、长久。

可以说，一个女人是否学会了宽容，也是是否会做人的重要体现。佛家有云：“精明者，不使人无所容。”人是社会的人，世间并无绝对的好坏。宽容才是真正的交友之道，宽容待人，才会友谊长久！

那么，在与朋友交往应酬的时候，该怎样才能做到宽容呢？这就需要一种换位观，换位观即需要换位思考，进行角色的转换。朋友间的交往若产生了摩擦，只要站在对方的立场上来思考一下问题，怒火和怨气也就在你的心中慢慢消退了。

心理小贴士

的确，在人的一生中，最为可贵的品质就是宽容，它是一种无坚不摧的力量。有诗云：“腹中天地宽，常有渡人船。”宽容，对人对自己都可成为一种无须投资便能获得的“精神补品”。学会宽容不仅有益于身心健康，且对赢得友谊，保持家庭和睦、婚姻美满，乃至事业的成功都是必要的。而我们在日常的交友应酬中，要学会用一颗宽容的心去接纳别人，友谊之树必会常青。互相宽容的朋友一定百年同舟，风雨共济，互助一生。

第五章 女人朋友多好办事——朋友之间的社交心理策略

生活中，有人曾开玩笑说，“女人可以没有爱情，没有亲情，却不能没有闺蜜！”这句话有失偏颇，但足可以看到朋友对于女人的重要性。的确，爱情太容易死亡，生活充满变数。但总有些东西是可以维持一辈子的，比如朋友。有了朋友，人生这条路，你会走得更平坦。真正的友谊，是患难与共的，而要做到这点，任何一个女人，你都必须掌握一定的心理策略，即要学会付出，先帮助朋友，才能在日后得到他的帮助。

关系再好，也不要对朋友无所顾忌

好朋友之间关系亲近、无话不谈是一件令人向往的事，但你千万不要以为朋友间就可以无所顾忌。如果你真这样做了，说话、做事都不顾他人感受，那么你们其中一方必定会在人交往中受伤害。

亚里士多德说："我的朋友们啊，世上根本没有朋友。"拿破仑说："没有永远的朋友，也没有永远的敌人。"这两句话都是对友谊的极端和偏见，但我们又不得不承认，很多时候，我们因为不善处理朋友间的关系而给自己带来了麻烦。的确，两个人之所以能成为朋友，是因一定的机缘相识，并因为志趣相投，彼此互相欣赏，在工作和生活中通过几次接触与了解，开始变成好朋友，产生相见恨晚之感。但实际上，感情往往是最脆弱的，你与朋友之间的关系，很可能就因为你无心的一句话而破裂。因此，任何一个聪明的女人都应该明白，与朋友交往，一定要把握住什么该说，什么不该说；什么该做，什么不该做。

张大姐和王大姐是邻居。不仅如此，她们还是麻友，两人平时没事就在一起搓麻将。谁家有什么事，另外一家必定出来帮忙。因此，她们关系非常好。其他邻居还经常开玩笑："你们关系这么好，不怕老公吃醋啊。"这只是一句玩笑话，她们都为自己有一个这么好的朋友而感到高兴。但自从发生了这样一件事后，一切都变了。

那天，王大姐在骑电动车去上班的路上，不小心被一辆小汽车给撞了，幸亏及时打了急救电话被送到医院，只是左腿骨折，不然可能会因失血过多而有生命危险。

在住院的第二天，张大姐就买了很多水果、煲了鸡汤来到医院看望自己的好朋友。进门后，她就扯开嗓子说："死了没？"王大姐一听，本身就全身很痛的她立刻觉得很不舒服。虽然她知道张大姐平时爱开玩笑，但这个玩笑实在不好笑。

这时，张大姐继续说："上次我还跟你们家老王说，该买辆汽车了，电动车太危险了。不过人要出车祸，就是开飞机，也是一样要出事。"张大姐的这番话，更让王大姐不舒服了，好像她要表达的是王大姐注定要倒霉似的。

接下来，王大姐口气冷冷地说："我累了，想休息，医生说我不适合喝鸡汤，你把东西带回去吧。"张大姐一脸愕然，老王这是怎么了。不过她看到躺在病床上的王大姐已经把脸转过去了，就只好走了。

自从这件事后，王大姐再也没来找过张大姐，张大姐主动联系她，她也找借口说自己有事。后来，两人的关系也就慢慢淡了，见面连招呼也不打了。

这个故事中，原本关系很好的张大姐和王大姐，为什么最后会形同陌路？因为在王大姐遭遇不测时，张大姐并没有站在她的角度考虑、关心她，说了一些不该说的话，让王大姐感到心里很不舒服。

这一故事告诉所有的女人们，即使与闺蜜交往，也不可无所顾忌。因为两个人虽然关系很好，但毕竟每个人的成长、教育、生活的环境以及个性都不同，即使面对同一件事，两个人的感受也不一定相同。就像故事中的张大姐和王大姐，王大姐是车祸的受害人，张大姐则不是，因此，张大姐不顾王大姐感受说的一番话，让王大姐觉得她是"站着说话不腰疼"，一个这么不懂得关心他人感受的朋友，还有什么值得交往的呢？这就是为什么王大姐拒绝和张大姐再联系的原因。

那么，在与朋友交往的过程中，我们该怎样做到有所顾忌呢？

1. 交往不宜太过亲密

与朋友交往，关系太疏远，会使人产生沟通障碍，出现彼此陌生的反应。关系太亲近了，又会使人感到厌倦、疲劳甚至反感；有些人有事没事就把朋友约出来，也不询问一下朋友是否真的有时间。这样，不但干扰了朋友的工作、休息和生活，还会让朋友觉得厌烦。合适的交往距离，应该是交往既不要过多、也不宜过少，应该把握在双方都感觉恰如其分的范围内。

2. 尊重朋友的想法

女人们常常犯的一个错误，就是把自己的想法强加给朋友，以为朋友的想法与自己一致，但实际情况并非如此。每个人都是独立的个体，所接受的教育和所处的生活环境都是不同的。因此，与朋友交往时一定不要自以为是，以为自己所想就是朋友所想，这样做只能适得其反。

3. 说话、做事都先考虑对方的感受

也许你会认为你们的关系已经很好了，你的做法对方一定同意，但实际上，这只是你自己的想法而已。如果你转换个角度看，你是自私的，甚至无意中伤害了对方。因此，要想让你们的友谊持续、健康的发展，你就要懂得为朋友考虑。

心理小贴士

人与人之间虽然在性格、兴趣、价值观等方面有很多共同点，但差异性也同样存在，毕竟每个人都是独立存在的个体。即使两个关系再好的朋友，也不可能完全相同。因此，人际交往中，多顾及他人的想法与感受，才能维系好朋友间的关系。

帮你的朋友守住秘密，他会对你信任有加

生活中，在我们每个人的心中，都有不愿意让他人知晓的一面，也都有自己的秘密。因此，在与朋友交往的过程中，如果你知晓对方的秘密，那么，请你一定要为他保守。一个能为朋友守住秘密的人才是值得信任的。

我们都知道，人与人之间交往，贵在交心，朋友之间更是如此。而交心是建立在信任的基础上的，两个人如果互相猜疑，那还有什么真情可言？然而，要想获得朋友的信任，我们必须做一个值得信任的人。如果你的朋友将他（她）的秘密告诉你，那么，你一定要珍惜他（她）对你的信任，替他（她）守住秘密。只有这样，你们彼此之间的信任将会更牢靠。生活中的女人们，相信你也有自己闺蜜，曾经她也将内心很多难以启齿的事告诉你，你是否替她守住秘密了呢?

然而，事实上，能够做到这一点的女人并不多。我们生活的周围，总有这样一些女人，她们在知道朋友的秘密后，会以此来作为茶余饭后的谈资。她们原本以为朋友的这些秘密会引起其他朋友的兴趣，然而，她没有意识到的是，一个四处宣扬朋友秘密的人又怎会获得他人的信任?

露露是一个幸运儿，大学刚毕业就进了一家外企，拿着高工资，让周围的人很羡慕。但这并不是偶然所得，她的确能力很突出。另外，露露还是个大大咧咧的姑娘，心里也藏不住话。她的这种性格让周围的人都蛮喜欢，不到一个星期，她就和公司的女主管成了好朋友是。她一口一个“王姐”地喊着，女主管也不亦乐乎，平时对露露的工作也是指点有加。

有一天，露露替办公室的一位大姐值班。当她正准备去资料室拿资

料时，看到王姐和一位先生在楼道里说话。出于好奇，露露躲在门口，听了他们的对话，露露一惊，这位先生是王姐的丈夫，他们原来在商量离婚的事。当露露正听着时，没想到王姐一回头，看到了露露。露露赶紧走开了。

第二天，整个办公室就传得沸沸扬扬的了，大家得到的信息是，主管王姐被丈夫抛弃了，很可怜。并且，露露说话的时候，还表示出对主管的同情。但这些话很快又传到了主管耳朵里。

从这天以后，以前总是对露露工作关心有加的王姐再也不来找她了。露露心想，以前热情的王姐不来找自己，倒让自己很奇怪。

在实习期间，露露就显出了自己的水平，因为业绩突出，她第一个次的奖金自然很高。女同事笑着对她说："刚工作便做出这样出色的成绩，可要请客哦。"露露听完，一脸掩饰不住的得意："这算什么啊，等一年后我有了更大的业绩，一定请你们去市里的大酒店大吃一顿！"露露说这话的时候却正好又被王姐撞见了，经理并没有多说什么。

转眼，年底要到了，大家都开始忙起了年度评优的事。露露给自己算了一下，以自己的业绩，第一的位置非自己莫属，那这个先进奖，自然也应是她的了。

最后的结果，却是被一个次她一等，但在人前一团和气的同事夺了去。露露有点想不明白，便直接去找了主管："王姐，我想知道这是怎么回事？"主管笑眯眯地听露露发泄完，说："我想你还是叫我'主管'吧，对了。我正有一个消息要告诉你，因为工作关系，你暂时被借调到分公司去工作一年。"露露一下子呆住了，这个所谓的借调，其实是遭贬。

有一些好心的前辈对露露说："其实，你很优秀，但是我觉得除了学业、能力之外，你还要好好地学习一下如何说话和如何处世，职场不是校园，没有那么单纯；另外，你可能还不明白，为什么主管最近一直不让你负责重大项目了吧，因为你之前在公司泄露了她离婚的事，她自然耿耿于怀。只是你一直没犯什么大错，总不能开除你，所以才借调你。哎，原本我们还以为你们是很好的朋友呢，没想到会这样。”

故事中的露露和女主管关系本来还不错，但却因为露露管不住自己的嘴、泄露了女主管的秘密，让女主管颜面尽失，致使最终被女主管穿小鞋。

要知道，每个人都有自己的一些秘密不愿意被人知道。这些秘密，一旦被揭发，可能涉及他（她）的颜面等，而揭发其秘密的那个人，也自然成了其心中的敌人，对于那些心胸狭窄的人，他（她）甚至找个机会报复你。

因此，一个聪明的女人，你必须要明白一个道理：维护朋友之间的关系，信任最重要。“病从口入、祸从口出”，对于朋友的秘密，一定要守口如瓶。保守秘密，是我们取信于人的前提条件。

心理小贴士

无论何时，我们都要管好自己的嘴，对于朋友的秘密，一定要做到守口如瓶，绝不可因一时激动而泄露出去！

与比你优秀的朋友交往，多表达钦佩之情

法国哲学家罗西法古说：“如果你要得到仇人，就表现得比你的朋友优越吧；如果你要得到朋友，就要让你的朋友表现得比你优越。”人际交往中，如果你的朋友比你优秀，那么，你就多多表达你的钦佩之情，那么，不仅能“近朱者赤”，学到更多的知识，你更能获得一份友谊。

现代社会，人们常说“努力结交比你优秀的人做朋友”，多与一些精英结交，这样能帮助我们开阔眼界，激发自己奋发的心。的确，朋友是我们生命中的一个重要组成部分，对人的一生有很大的影响。交上什么样的朋友，就会有什么样的命运。与优秀的朋友结交，我们也会变得优秀起来。然而，与那些比我们优秀的朋友交往，我们要有学习他们积极向上的态度，多表达自己的钦佩之情，一定会获得对方的好感。

小唐今年刚毕业，毫无工作经验的她很幸运地被一家小公司录用。到现在，已经工作两个多月了。但最近她才发现，与自己共事的一个男同事实在不好相处。

“刚来公司上班感觉还可以，加上大家都是年轻人，在一起话题很多，我发现，这个男同事的确挺优秀的，除了专业知识外，他懂的挺多的，我这人就是欣赏那些比我懂得多的人。”小唐这样讲述道。

然而，令小唐感到烦恼的是，这个男同事实在太清高了。表面上看，他答应小唐，大家以后在工作和生活中就是朋友了。但实际上，他依然是独来独往，小唐一个女孩子也不好总是主动找他。后来，小唐找到一个方法，多去请教他，让他感到优越，就不相信他不吃这一套。

果然，平时工作中，只要小唐一闲下来，她就拿着问题去找他，小唐一边听对方给自己讲解，一边说：“你真是太厉害了，你说我们都读了大学，读的一个专业，你为什么就什么都知道呢？”小唐发现，这个男同事总是绷着的脸上好像终于浮现了一丝笑容。

故事中，小唐的这位男同事比小唐优秀，而且很难相处，但小唐却找到了攻破对方心理防线的方法——恭维法。针对具体的问题表达自己的钦佩之情，让对方感受到优越，是结交友谊、赢得朋友的一个很好的方法。

人们常说，在自己所处的环境里，能与比自己优秀的人交往，并学习其优点、做法，进而吸取他们的经验和观点中的精华，就能引导一个人积极向上，对生活和工作必将大有裨益。因此，每一个女人，都应该掌握与这些朋友交往的诀窍——多表达对他们的崇拜之情，会让对方产生愉悦感。具体来说，你在表达对他们的崇拜之情时，需要注意以下几点。

1. 放低姿态，表现自己的良好修养

你在与比自己优秀的朋友交往时，一定要注意自己的态度，切不可趾高气扬。当你没听明白对方的话后，你可以偶尔说一说“我不明白”、“我不太清楚”、“我没有理解您的意思”、“请再说一遍”之类的语言，会使对方觉得你富有人情味，没有架子。相反，高谈阔论，锋芒毕露，咄咄逼人，容易挫伤别人的自尊心，引起反感，以致对方筑起防范的城墙，从而导致自己的被动。

2. 承认对方的能力

为他人叫好，并不代表自己就是弱者。为对手叫好，非但不会损伤自尊心，相反还会收获友谊与合作。而为比我们优秀的朋友叫好，更体现了我们的真诚与大度，同时这也是一种心理策略。任何人都爱听赞美与肯定的话，我们承认对方的能力，有利于我们从朋友那里获得经验教训从而提高自己，而且在不断提升和完善自我之后，我们还能赢得友谊。

3. 重视对方说的每一句话

那些说话妄自尊大，小看别人的人总会引起别人的反感，最终在交往中使自己走到孤立无援的地步。与人沟通，目的在于交流意见、达成共识，只有重视对方说的每一句话，才能同样赢得尊重。

4. 懂得倾听，并适时反馈

沟通的过程，并不完全是说的过程。我们有说的权利，但每个人都希望被倾听，这是一种自我价值的认定，而我们的反馈则是倾听的最好证明。因此，只有满足对方说的欲望，才会让人对你产生亲近的愿望。

心理小贴士

人都有这样一个弱点，希望得到他人的认同。那些能力突出的人，更希望得到他人的崇拜。因此，对于那些比我们优秀的朋友，如果我们能多表达我们的崇拜之情，那么，你一定能突破对方的心理防线！

平时多关心朋友，关键时刻朋友才会伸出援手

我们都深知人脉的重要性，但朋友才是最可靠的人力资源。有了朋友，人生这条路，我们会走得更平坦。真正的友谊，是患难与共的。而要做到这点，我们必须要学会付出，先帮助朋友，才能在日后得到他的帮助。

在工作与生活中，每个人都有自己的苦恼，我们的朋友也不例外。他们可能会因为工作头绪繁多而忙得焦头烂额，可能突然遇到了一些经济问题，也可能突然遭遇灾难……此时，我们要学会关心帮助别人。患难识知己，逆境见真情。在人际交往中主动付出，就是人情投资的一种表现。一个人不管有多么聪明，多么能干，背景条件有多么好，如果不懂得如何做人、做事，那么他（她）最终的结局肯定是失败。一个一毛不拔的人，怎么可能赢得他人的尊重和帮助呢？

因此，任何一个渴望获得友谊的女人，都应该认识到在平时多关心朋友的重要性。友情需要付出，如果你想让别人怎样对待你，你就先要怎样对待别人。你若希望得到回报，你就必须先学会付出。一个人遭遇失意、

遇到困难时，对周围的人和事会更敏感。在他们看来，这是考验一个人是否真的是朋友的最佳时刻。因此，如果你能在此时对那些失意者伸出援手，那么，你便很快能赢得人心、建立良好的人际关系；而相反，假如你冷漠、麻木，怕招引麻烦，交往很可能因此而中断。

刘云是某电器公司的销售部经理，在她所在的城市，她几乎垄断了几家大型公司的电器市场。

当下属问及"刘经理是怎么做到"的时候，她说："其实做法很简单，那就是对这些公司的重要人物经常施以小恩小惠，然而，我要巴结的不仅仅是这些高层董事，对于那些地位稍低的中低层干部甚至普通员工，我们也要维系感情。"

接下来，刘云说："联络他们，也要有的放矢。在'行动'前，一定要先调查清楚你所打交道的人的学历、人际关系、工作能力和业绩，做一次全面的调查和了解。如果认为这个人是个潜力股，日后可能有所成就时，你就要记住，不管他有多年轻，你都要尽心款待。"的确，刘云明白，这样做，虽然暂时看起来会比较亏，但这却是播种人情的很好的方法。

刘云是这么想的，也是这么做的。现在，无论哪行哪业，都有她的朋友。在这些朋友中，有谁晋升了或者加薪了，她都会第一个帮其庆祝。当对方感激时，她却说："我们公司有现在的市场和成绩，完全是靠贵公司的抬举，因此，我向你这位优秀的职员表示谢意，也是应该的。"这样说的用意，是不想让这位朋友有太大的心理负担。其实，几乎她的所有朋友都认为她是个大好人，因此，她的生意总是红红火火！

这则故事中的刘云是个很善于维护人脉的人，她的生意之所以能在竞争激烈的时期仍然生意兴隆就得益于她在平常经常维护人脉的原因。的确，日久才能生情，日常生活中多关心你的朋友，才能在关键时刻得到朋友的一臂之力。

当然，生活中的女人们，关心朋友、对朋友付出也是一门学问。具体

来说，你需要注意的是：

第一，要学会施恩与人，不计较自己的得失。无论如何，求人办事并不容易，提前投资，才能储蓄人情。

第二，学会蓄零为整，瓜熟自然会蒂落，看似一个小小的帮忙，比如偶尔帮别人看小孩，看似小事情，但对他人而言可能是意义重大的情谊。

第三，细心发现需要帮助的人，体贴入微，供人最需，给予别人需要的，才是最有价值的人情。

当然，主动付出，我们也不可打肿脸充胖子。的确，“吃了人家的嘴软，拿了人家的手短”，对方一旦获得你给予的好处，就会替你办事。但要量力而行，自己最应该了解自己的能力，不要让付出超出自己的承受范围。

心理小贴士

做人之道也并非秘不可解，学会对别人付出，你就会有回报，成功之路走得就会更畅通。学会做人是立世之本，提前进行情感投资是追求个人成功最保险的方式。一个能够为别人付出情感的人，才是真正富足的人！

不要什么事都依赖朋友

人际交往中，我们都希望能让自己的言行能影响其他人。因此，对我们每个人来说，掌握交际的主动权就显得尤为重要，而要做到这点，我们就必须要有主见，否则只能成为他人的影子。

真心的朋友之间，是没有隔膜的，彼此之间以互相畅谈心声，诉苦，分享，游玩，联系，共同经历挫折——都会有的。两个亲密的朋友会无话不谈，即使是在很远的地方也能够感觉到彼此之间的存在，会互相帮助，共同成长，对自己有益无害。但无论从交际应酬的角度还是从为人处世的角度，我们与人相处，都应该保持一定的距离，不然只会失去自我，成为别人的影子。

其实，交际中把自己当成对方的附属品和影子的人是没有交际能力的。一位哲人说过："没有交际能力的人，就像陆地上的船，永远到不了人生的大海。"我们不能把自己的交际范围限制在狭隘的范围内。在日常生活中，良好的人际关系就是我们在这个社会上生活的源泉。没有自我的人在交际中只会是别人的影子，在交际中也没有主动权，好人缘无从谈起。因此，我们要克服自身的交际弱点，获得交际这笔无形的财富。

芳芳是个美丽的女子，皮肤白皙、容貌姣好，为人处世温文尔雅，但就是有一点不好，那就是她是个典型的小女人，一点主见也没有。对待丈夫言听计从倒很正常，但就在和闺蜜倩倩的交往中，她也总是显得很被动，就连周末晚上看什么电影也要询问倩倩。

最近，芳芳遇到了一件很苦恼的事，她发现丈夫好像有点儿不对劲，直觉告诉她，丈夫可能有了外遇。她不知道怎么办，便把倩倩约出来。

"我该怎么办啊？"芳芳一见到倩倩就迫不及待地问。

"什么怎么办啊，找他摊牌啊，问清楚情况。"倩倩是个急性子。

"我哪儿敢啊，这么多年来，都是他在挣钱养家。"

"程芳芳，我真不知道说你什么好，你知道吗？你最大的问题就在这儿。"倩倩脱口而出，她也不知道这样说会不会伤害自己的好朋友。

"什么问题？"

"太过依赖别人了，得了，索性我今天把话说完吧，你知道这么多年以来，你为什么都没什么朋友吗？因为他们觉得和你在一起挺累的，什么

都要问他们，你的时间很充裕，一个人无聊，但大家都有工作啊，都得养家糊口。可能你和你老公在相处的过程中也是这样，你们家什么都是他做主，以至于长时间以来他觉得腻了。可能我说这些你会伤心，但作为你的好朋友，我觉得我有必要对你说。”

听完倩倩的一番话，芳芳好像被人当头一棒，但她很快反应过来：“没事，我知道你是为了我好，也许我是该好好想想，也需要改变一下了。”

的确，倩倩的话很正确，朋友之间交往，彼此应该是独立的，与人形影不离，还可能给对方一种压抑的感觉，最终朋友也会因为没有自我空间而离你而去。

自古以来，女人仿佛天生就应该受到爱惜与保护。在人际交往中，她们也渴望受到他人的保护。有一些女人一看到蟑螂、老鼠等，就会下意识地惊恐地尖叫一声。她们的胆小也体现着她们的可爱，能激起男人的保护欲。但这并不代表女人就可以完全依赖他人，对他人形影不离。实际上，与人人之间，必须有一个弹性隔离带，保持一定的距离，使双方都能获得更大的空间以供双方来回的松紧，以减少或避免一些不必要的摩擦或伤害。而更重要的是，我们避免了成为别人的影子。

那么，与朋友交往的过程中，女人们该怎样做呢?

1. 做个具有社交吸引力的女人

在这个复杂的社会中，吸引力是人与人交往中一种有效的“催化剂”，它能促使人际关系亲密、深化及稳定。因此，在日常生活中，你一定要学会尽量补充自己的“社交能量”，让自己在与人交谈的时候，有挖掘不完的谈资，你的魅力自然也就提升了。

2. 交往不要太局限

发现其他人的魅力，不要把眼光局限在你当前交往的人的身上。这是一种不明智的做法，人际交往最忌讳的就是这一点。其实，每个人身上都有可学习、可借鉴的地方，能否发现其他人的优势就在于我们是否能透过

眼前的交际迷雾。

3. 避免“过度投资”

弹性的人际关系才是和谐的人际关系。在人与人的交往中，要留有余地，适当地保持距离，尤其需要保持一点心灵上的空间。因此，你既不能过度依赖别人，也不能总是充当救世主的角色，心灵都需要一点自己的空间。如果你想帮助别人，而且想和别人维持长久的平衡的人际关系，那么不妨适当地给别人一个机会，让别人有所回报，不至于让对方因为心理上的压力而疏远了双方的关系，使双方之间的关系处于尴尬状态。

心理小贴士

固然，人与人之间交往，应该以诚相待，但我们不能失去自我和基本的行事原则，被别人同化，成为别人的影子，还限制了我们的交际视野。自身的弱点往往是我们交际的障碍，克服这些障碍，我们才能在交际中得心应手，游刃有余！

不要过度干涉朋友的事情

每个人都有自己的生活方式，无论多好的朋友都不要过多地干涉朋友的事情。有时候，你的“一时义气”，给朋友带来的，并不是帮助，而是困扰。

关于友情，我们已经不需要太多的阐释，“千里难寻是朋友，朋友多了路好走”、“朋友是成功的阶梯”、“朋友是人生中宝贵的财富”。

每句话都说明了朋友对于人们的重要性，也说明了人们对友情的渴望。女人更是一群天生需要朋友、需要倾诉的动物。但我们又不得不承认，很多时候，在与朋友的交往中，是我们自己赶走了朋友，毁灭了友谊。究其原因，我们说朋友之所以不能永久，是因为我们往往“情不自禁”地把好事做尽，没有给友谊留下必要的生长的空间。真心的朋友之间，是没有隔膜的，是无话不谈的。但生活中每一个热情的女人，你都要理智一点，朋友之间，固然应该互相帮助，但你并不是朋友的保护伞，你不可能帮助其解决所有事，而且，有些事，你也不宜干涉。

小李最近和男朋友吵架了，原因还是一个老生常谈的问题——小李的男朋友认为小李在花钱上太大手大脚了，以至于到现在两个人都还没用存钱买房。

吵架后的小李闷闷不乐，于是，只好找来自己的闺蜜小张，以排遣内心的不快。小张是个快言快语的人，在听小李诉说事情的缘由后，她张嘴便说：“这样的男人也太没出息了吧，要他干吗？女人花钱，男人挣钱本身就是天经地义的事，依我看，分手得了，你看我们家小吴，从来都不会管我花钱的事，还把每个月的工资卡交给我保管。”

“哎，还是你们家小吴好啊，挣得多说话都硬气。”

“所以啊，女人嘛，要对自己好……”就这样，小张顺着这个问题，足足说了一个小时，她满以为自己的话，小李都听进去了。

可谁知，第二天，他就得知小李又给男朋友煲了鸡汤，给他送了过去。

从那件事之后，小张发现，小李好像有意疏远自己，甚至连自己的电话也不接了。

故事中，小张可以说是吃了哑巴亏，明明好心劝朋友，但却最终失去了朋友？为什么？因为她干涉了朋友的私事。可能她是出于好心，不希望朋友伤心，但对于情感这一类个人问题，是很难把握的。感情的事情原本就很复杂，只有当事人才能解决。靠别人解决，只会把简单的事情复杂化，把复杂的事情极端化。就像有人曾经说过的一句话：“说不清的是感情，说得清的是人情。感情的事，真的说不清，两个人的感情，第三人是插不上手的。”

俗话说：“宁拆十座庙，不破一桩婚。”即使在现代，这句老话依然没有过时。小张劝小李与男朋友分手，在对方失意时，可能不以为然，而当他们和好之后，再回想你的话，便认为小张是心怀不轨了。

因此，女人们，你应当引以为戒，即使如果有一天，你最要好的闺蜜一把鼻涕一把泪地向你哭诉她的恋人的种种不是，你千万不要跟着对方骂对方恋人没肝没肺没良心，要她早点分手。你可知道她找你哭诉的目的是什么吗?

她之所以来找你，只是一时冲动，她只想找个发泄口，找点安慰，并不是来听你骂她的爱人的，其实她并不想离开他。即使她添油加醋地要求你教训她的爱人，也只是想从你这里找到一点情感的慰藉。因为恋爱中的人都是敏感的，一旦受了委屈，总希望自己的家人、朋友为自己出出气、评评理，来调节自己失衡的心理。而不解风情的你，如果受了假象的迷惑，言听计从，劈头盖脸地把她的爱人痛骂一顿。这种仗义之举的确满足了她的安全感，却也激起了她对你的反感，不知道她心里会怎么恨你呢!

两个亲密的朋友会无话不谈，即使是在很远的地方也能够感觉到彼此之间的存在，会互相帮助，共同成长。

但聪明的女人，你一定要记住：不要过度介入好朋友的事情。为此，你需要记住让友谊长存的两大秘诀。

1. 不要充当你朋友的保护伞

你跟朋友不是连体婴儿，不要以为朋友的所有事情都是你的事情，尤其在某些你不宜干涉的问题上，你应该让朋友自己去处理。

2. 不要期待朋友能帮你决定所有事情

如果你常给对方这种期许，对方会很有压力感，因为他在替你下决定

时，注定要承担后果。所以，真正的好朋友是在你自己下完决定后，或在下决定时，他（她）在旁边给你建议，而不是决定你该怎么做。

心理小贴士

一个心理成熟的人，不会自找麻烦，也不会让别人为难。与朋友保持适当的距离，是心灵的需要，也是友谊的需要。

拒绝朋友，也不要伤及对方的面子

人生在世，谁都不是独立存活于世的，任何人，不论地位高低，身份贵贱，总会碰到一些求人的事。帮助朋友解决问题是我们理所应当的责任，但对于自己无能为力的事或对方的无理要求，我们应当拒绝；但在拒绝朋友时，无论如何，不能伤及对方的面子。

在我们的身边，总会有一些好朋友，他们会遇到一些自己难以办到的事，自然要相互请求帮助。如果我们能办到，应尽最大的努力去办；如果朋友提出的某些要求太过分，不是我们个人力所能及的，这就出现了要拒绝他人的问题。

一般来说，和男性比起来，女人的心更柔软，她们多半是不善于拒绝他人的。当然，也有一些女人认为，既然是拒绝，有什么难的，直接说“不”即可。其实不然，如果你全凭自己的兴致，不顾及他人面子直接开口拒绝，那么，对方可能会因为失了尊严而与我们失和甚至绝交，那么，就得不偿失了。

我们不妨先来看看下面这位深谙拒绝艺术的女经理是如何巧妙地说出“不”字的。

某公司的销售部经理刘红是个很善于与人沟通的人，在她的手下工作，很多员工都觉得干劲十足。公司其他领导都羡慕刘红的工作模式——上班只是喝喝茶，发发工作指令。员工们心甘情愿地为其工作，毫无怨言。其实，这都是因为刘红很善于调动员工们的积极性。

一天，市场专员小王拿着一叠厚厚的资料，来到刘红的办公室，对她说：“刘总，这是这个月的市场调查报告，您有时间整理一下吧。”

刘红最近手头事情太多，而且，整理资料的工作本身就是下属应该做的。于是，她巧妙地拒绝道：“小王啊，你可一直是我最得力的助手啊，你看我桌上的文件，哎呀，你难道要看着我累趴下吗？算姐求你了，帮个忙吧，回头我请你吃饭。”

听到刘红这么说，小王扑哧一声笑了，不到几个小时的时间，她便把整理好的资料送到了刘红的办公室。

案例中的经理刘红拒绝下属的方法就是撒娇法，一句“哎呀，你难道要看着我累趴下吗？算姐求你了，帮个忙吧，回头我请你吃饭”。让下属看到了领导的可爱，这样一个可爱的领导，有哪个下属还会再好意思进一步要求呢？

生活中的女人们，你是否曾经有这样的体验，你似乎总是不愿意拒绝那些对我们示弱的人的请求。因为他们让你感到弱小，从而激发起自己内心的同情和保护的欲望，这也是人们的普遍心理。而事后，你又发现，你根本无能为力。这是很多人惹火上身的理由。实际上，反过来，你可以充分发挥自己性别的优势——适当示弱法。比如，你可以这样拒绝：“你为我想想，我怎么能去做没把握的事？你让我出洋相啊。”这样说，相信对方一定会“收回成命”，另寻他法。

那么，我们在与朋友交际应酬时，怎样才能不伤感情的回绝朋友呢？

当然，对于拒绝也不能一概而论，要具体问题具体分析。一般情况下

的拒绝应分为以下两种情形。

一种是直截了当地拒绝。这种拒绝方式一般是因为被求者是个干净利落、不拖泥带水的人，办事风格上也是风风火火。

另一种是委婉地拒绝。这种情况下，被求者碍于面子，考虑到直接回绝朋友会伤及自己的面子和别人的自尊，于是，先绕个弯子，曲曲折折地拒绝，也可能采取其他方式逃避别人的要求，这是一种迂回的拒绝方式。

除了以上两种方法外，适当的时候，你还可以用充足的理由和诚恳的态度直接拒绝别人。在拒绝别人时，有充足的理由是必不可少的，只要你的理由真实，语言诚恳，对方一般都不会再对你的拒绝进行反驳。

你还可以采取以下方法进行补救：

谢绝法：对不起，我真的不能接受，不过还是谢谢你。

婉拒法：我还没有想好，请给我一点时间，让我好好想想。

回避法：哦，这样啊，对了，你的另一件事怎样了……

幽默法：我很乐意帮你，但你看，我今天实在有事，只好当逃兵了。

无言法：如果你想拒绝某人，却又不好意思，完全可以通过一些手势、动作来暗示。比如：摆手、摇头、耸肩、皱眉，转身等。

严词拒绝法：这可不行，我已经想好了，你不用再费口舌了！

补偿法：真对不起，这事我真无能为力，这件事我实在爱莫能助了，不过，以后你有什么事情可以找我，我会尽量办到的！

借力法：你问问他，他可以作证，我从来干不了这种事！

心理小贴士

与朋友的交际应酬中，学会拒绝是我们必备的技能，让朋友了解我们的难处和爱莫能助，在不伤及友情的情况下拒绝，这是最高境界的拒绝。这样，我们彼此之间的友谊便不会因此受损，真心交友便会互助一生！

朋友间不常联系就会生疏

我们早已认识到人脉对于自身生存和发展的重要性。然而，任何人脉都是需要维系的，再亲密的人际关系，如果长时间不联系，都会生疏。

生活中的女人们，你是否有这样的感受：假设你有这样两个大学同学，你与他们俩的关系都很好，但毕业以后，你和你的其中一个同学留在了读书的这座城市，而另一个同学去了另一个城市。你与前者几乎天天见面，没事就聚一聚。而与后者，你们虽然也偶尔通电话，但毕竟都有自己的生活，你们几乎没有见过面。几年以后，你更喜欢谁？与谁更亲密？很明显是前者，这就是“多看效应”，见面次数多，即使时间不长，也能增加彼此的熟悉感、好感、亲密感。相反，见面次数少，哪怕时间长，也难以消除因间隔的时间长而产生的生疏感。因此，在维系人脉关系中，我们应该多增加与对方见面的机会，这一效果是经常通电话都无法带来的。

乔旭与宋晓是高中同学，住在一个宿舍的上下床，每天一起吃饭，一起睡觉，情如姐妹。后来，乔旭考进了本省的一所师范院校，宋晓则考到了西北的一所大学。刚开始时，她们还保持联系，经常写信互诉衷肠。随着时间的推移，她们在大学里结交了新的朋友，融入了新的生活。渐渐地，她们的书信越来越少，甚至于后来有了手机，也很少打电话。有几次，宋晓回老家看望父母，乔旭虽然知道宋晓回来，但是都推说有事情而没有与宋晓见面。乔旭毕业后回到了小县城当了一名教师，每个月拿着死工资，过着按部就班的生活。宋晓毕业后去了上海，进了一家广告公司，从事广告设计工作。

突然有一天，乔旭打电话给宋晓，很怀旧地说了一些高中时代的事

情，又说了一些近况。谈话之间，两个人都不胜唏嘘，觉得时光飞逝。让宋晓措手不及的是，乔旭话锋一转，唐突地说：“你如今发达了，在上海工作工资一定很高吧，你看，你能不能借我些钱，我想在县城买套房子。”宋晓的脑袋还没有从兴奋之情中转过来，不由得愣住了。虽然宋晓在大城市工作，但是因为刚刚毕业，工作经验少，而且刚到新单位，所以，只是一个普通得不能再普通的小员工。每个月的工资除了付房租、车费、生活之外，所剩无几，哪里有能力帮助乔旭呢。况且，宋晓在大城市生活，也想早日扎下根来，所以，虽然毕业的一年攒了一万块钱，但是都买基金了。

这件事过后，乔旭和宋晓又恢复了之前的状态，虽然有彼此的电话，但是很少联系。

这则事例中，乔旭和宋晓之间为什么最后很少联系了？因为利益！“平时不烧香，临时抱佛脚”，乔旭因为平日里不与朋友保持联系，突兀地请朋友帮助自己，让人感觉利益心太重，所以尴尬地遭遇了拒绝。试想，假如乔旭在大学期间及工作以后一直与宋晓保持联系，维系高中时代亲如姐妹的感情，那么，宋晓有没有可能卖掉基金帮乔旭缓解一时的经济拮据呢？如果答案是肯定的，那么结局一定会大不一样。

因此，生活中的女人们，你若想获得友谊，要想真正走进对方心里，就需要和对方持续的接触。对于你的好朋友，大家有时间聚聚的，可以经常在一起聚聚；如果不能经常见面的，可以平常保持一定的联系，比如逢年过节的时候，相互发一条祝福短信或打个电话等即可。

在具体的朋友交往中，你可以这样做：

1. 主动交往，关心对方

人们参与社交，很多时候，都有寻求呵护这一目的。因此，如果你能主动关心对方，并尽量帮助其解决一些实际的问题，那么，便能满足对方的这一心理，对方自然会对你信任有加，未来交际的可信度与有效度也会明显提高，对方与你交往的渴望程度也会大大增加。

2. 表明心迹，消除危机感

两个各怀鬼胎的人，即使天天见面，感情也不一定能真的好，因为人与人之间最大的致命伤就是激烈的竞争，包括嫉妒。一味地竞争，杀机四伏，着实会使人草木皆兵，给人际交往带来重重障碍。为交际起见，有时候，我们不妨主动向朋友表明心迹，给他带来安全感。只有这样，朋友才愿意接触你，才愿意和你发展友谊。这是优化交际环境，提高交际质量的根本策略。

心理小贴士

人际间的关系是变动的。两个人相处，不是愈来愈互相信任，便是愈来愈彼此猜疑。要想保持友谊，必须适当地互动。人脉管理也是如此，关键在于互动。我们要想保持友谊，就需要持续的接触，这样，只有这样，你才能攻破对方最后的心理防线，成为其真正意义上的朋友。

第六章 女人懂得"深藏"而"露"——与上司相处的心理策略

作为女人的你，也和男性一样拼搏在职场，也许你总能出色地完成工作任务，但每当你盼望着评优、加薪、升职时，这些好事却总是离你远去。这时，你最该思考的是，你是否懂得了和上司的相处之道，是否取得了领导的信任。如若没有，你不妨多留意，多揣摩上司的心思，掌握一些与上司相处的社交策略，懂得"深藏"知道"露"，做一个贴心、善解人意的女下属，你的职场之路走得才会更顺畅！

经常请教，表达对领导的敬重

身处职场，如果你是他人的下属，那么，你就应该认清一个形势：你的上司既然是上司，就肯定有值得你学习的地方，上司的今天可能也就是你目标中的明天。虚心向领导请教，收获的也不仅仅是知识，更是领导的赏识。

我们发现，职场中，不乏这样一些女人，她们谦虚待人，总是以一种学习的态度向周围的人尤其是领导请教，而她们获得的不仅是领导的经验，更是领导的赏识。这就是她们不断取得进步的秘诀。

的确，古人云："三人行必有我师。"身处职场，任何一个女人，都应该向领导学习。他（她）可能存在某些不足，但他（她）的成功，一定是他（她）具备你还没有的特质，发现并学习这些特质，你就能吸收到各种对自己成长有益的养分，使你避免走很多弯路，使你不断汲取前进的知识和技能，最大限度地激发自我潜力；除此之外，最为重要的是，虚心向领导请教，还能表现出你对领导的敬重。尤其是对那些好为人师的领导，你的请教更能满足其指点他人的心理。而你获得的，就是领导的认同和器重。

张大姐是公司里资历较老的员工，她对专业技能的掌握程度可谓无人能及。不过，正是因为是老员工，在单位干了几十年，她的年龄也不小了，对待新事物的理解和接受难免有点力不从心。特别是电脑、互联网的应用，张大姐越来越感觉到自己需要学习的地方太多了。这方面，她最敬佩的就是她的顶头上司刘主任。刘主任虽然和自己年龄相仿，但却是个新潮人。有些时候，对于电脑里出现的单词，张大姐都要向刘主任问一问是什么意思、怎么发音，自己再鼓弄半天。

对此，刘主任经常对张大姐说："老张，这些你不必太在意，有事我们会帮你解决的。"

张大姐却总是这样说："不行啊，该我会的东西一定要弄明白，我虽然老了，但我还不想被淘汰。"

刘主任对张大姐的这种态度很钦佩，还特意表扬了她的这种学习精神。

的确，在领导眼里，不懂就问是一个下属应该有的一种很好的工作和学习态度。因此，职场中的女人们，如果你想赢得领导的信任，不妨利用这一把利器。从另一个方面讲，任何一个领导，他们都渴望被人尊重，而向领导请教，就能很好地满足他们的虚荣心，同时自己又能获得他们的好感，一举两得，利人利己，何乐而不为呢？这不是逢迎拍马，也不是领导有多高明，自己有多愚蠢，这是一种职场策略。

假如你和故事中的张大姐不同——你是个新人，你就更应该向领导请教了。刚进入公司，就是为自我成长而努力学习的阶段。所谓"近水楼台先得月"，你绝不要放过向身边的领导学习待人接物以及工作技巧的机会。如果你能够经常以积极、谦虚的态度来请教上级，他们也必然乐于慷慨相助。

同时，作为职场女性，你不要人云亦云，要学会发出自己的声音。而这都需要你的勇气。那么，可能有些女性会产生疑问：该怎样向上级请教呢？为此，你需要掌握以下几个原则。

1. 始终相信你的领导正确

向上级学习，是有一定的原因的，他们之所以能出类拔萃、成为你的上级，就必定有其过人之处。任何一家企业或单位，身为上级，他们要比员工承担更多的风险，他们还得打理整个部门的内部人际关系，还得应付

外部的竞争。可以说，身为领导所面临的压力是普通员工所无法想象的，从这个角度上说，领导都是最优秀的。单凭这一点，就值得每个职场女性去学习和效仿。

2. 关心绩效

任何一个上级，都是单位利益的代表，关心绩效，会体现出你对单位利益的关心，更容易赢得好感。

3. 多倾听

在对方倾诉的时候，尽量不要打断对方说话，大脑思维紧紧跟着对方的诉说走，要用脑而不仅仅是用耳听。

4. 不要漠视领导对你的期望

如果你还没有得到晋升，那要么就是上司想继续考察你，要么就是你做得还不够。尽一切可能把自己的本职工作做好，不要找任何原因推托、抱怨。

5. 主动请教

要知道，身处繁忙事务中的领导不可能做到关注每个下属的动态；而同时，你主动请教，也体现了你积极上进的工作和学习态度。一般情况下，上级都乐于向你传授经验。

心理小贴士

人活一生并非活在一个孤立的空间里，最优秀的人不是那些只是能力高强的人，而是那些既能力高强也懂得人际关系和协作艺术的人。与上级沟通，向上级学习，那么你做事会更尽心尽力，你更会得到上级的欣赏！

委婉向上司表达不同意见

向领导建言或提意见能体现出下属对领导的忠心，但并不是所有领导都愿意听下属的“直言进谏”，因为直接的反对言辞可能会让他感受到自己的威严受到了威胁和质疑。因此，聪明的下属在向领导表达不同意见时，会采取“曲线救国”的方法，这样，不仅能让领导更易接受，还能让领导看到自己的能力与忠心。

在工作中，由于受到一些认识方面的局限等其他原因，即使是领导，也未必能作出正确的决策。这些决策，有些是不切实际的，有些对公司整体的利益发展并无益处，有些甚至是完全错误的。因此，任何一个职场女性，为了避免一些不正确的决策的产生，关键时刻不能唯唯诺诺，你有责任也有义务对领导提出意见。然而，可能很多女人会产生疑问，我做了很多前期工作，花费了很多时间和经历，但在真正提出建议的时候，却发现，原来领导并没有听进去，更别说采纳我的意见了。

其实，聪明的女人都明白，这主要是方法和技巧的问题。只有掌握正确的、领导可以接受的方式和技巧，你的言语才会奏效。因为中国人素来很爱面子，尤其是做领导的，掌管了一定的权力，自然有一定的权威和尊严，承认自己的错误也就是失了权威和面子。因此，作为下属的你，在建言的时候，如果能够委婉一点，采取“曲线救国”的方法，那么，不仅能防止领导做出错误的决策，还能体现出你的工作能力，更能因为保住了领导的面子，而获得领导的赏识。

我们先来看下面这则故事中的刘颖是怎么做的。

梁静在一家珠宝公司的企划部上班，她做事认真，为人也很耿直，为此，也得罪了不少领导。和她同时进公司的刘颖进了公司的销售部，但因

为一件事，刘颖却进了公司总部，成了梁静的上司。

那天，在每月的例会上，宣传部部长决定："为了促进公司新款珠宝的发售，我决定加大宣传力度，这月月末就在本市的水上乐园举行一次大型展览，希望大家努力办好这次展出。"梁静一听，觉得荒谬至极，她本来就觉得这个宣传部部长太专制，什么事都喜欢自作主张，也不和其他人商议。这一点，她看不惯已经很久了。她性格太直，当着众人的面，她就回了宣传部部长一句："你这太草率了吧，都不做市场调查吗？这可关系着我们公司下半年的销售额和资金的运转！"梁静将这些话脱口而出。当时，会场上的很多人都屏住了呼吸。

"你知道什么，等你坐到宣传部部长的位子再说！"说完，宣传部部长气急败坏地离开了会议室。

但令梁静奇怪的是，那月的水上公园展览居然没有办，而自己的好朋友刘颖也爬到了宣传副部长的位子。原来，当时会上，刘颖也很不同意部长的做法，但是她并没有在会上指出来，而是等会开完了，对部长道出了事情的利害："我一直都很佩服您，你做事一向都很有魄力，但这次我们推出的是我们公司的今年的主打产品，水上乐园去的一半都是一些孩子，这么昂贵的奢侈品并不怎么适合在那展出，到时候做了无用功就不好了。"部长一听，说得没错，并向总部推荐刘颖担任副部长，成为自己的左右手。

针对同一件事，两种不同的说话方式，导致了不同的结果和职业命运。有时候，说话不能太诚实就是这个道理。面对领导的错误决定，梁静开门见山地提出了反对意见，让领导在众人面前下不来台，一个领导的尊严受到了损害，领导自然很生气。相反，刘颖的做法明显好得多，先赞美领导，肯定了领导果断的行事作风，这至少让领导觉得自己的能力是被肯定的。这样，在听取意见的时候，也自然容易接受多了。

的确，向领导提意见，共同致力于团队的发展，是作为下属的义务，但要掌握一定的技巧，否则就可能引火烧身。对此，在建言的时候，你应该掌握以下技巧。

1. 知己知彼，方能百战百胜

对此，你可以发挥女性具有细腻的观察能力这一优势，对领导的脾气、性格和处世方式等，你都要做全方位的了解。如果领导是个开明的人，你就不必浪费时间、大费周章，你大可以直接说明，这样的领导一般都对敢于建言或提意见的下属有好感。而如果领导比较固执，你最好准备几套方案，此套不行施彼套；同时，一定切记，不能与之正面对决，迂回处理，领导更能接受。

2. 注意说话态度，要注意分寸

女性是善于与人沟通的，而与领导沟通，你需要注意说话的态度和敬语的运用，恰到好处地表达出你的意思。由于你的坦率和诚意，即使对方不完全赞同你的观点，也不会影响到领导对你个人的看法。

3. 领导需要的是建议而不仅仅是意见

你在对领导提意见的时候，不要只说“不行”，要多说“怎么做”。对领导提出更好的解决方案，他（她）才会放弃自己原有的想法。

4. 不要否定你的领导

很多领导不愿意接受下属的意见，是因为他（她）觉得一旦接受，就意味着自己的智慧不如下属。抓住领导的这一心理，你在提出意见前，一定要先肯定领导，这样，他接受起来也就容易多了。

心理小贴士

我们在向领导建言的时候，一定要明白彼此的身份，委婉表达，照顾到领导的面子，“曲线救国”更易达到目的。

转让光彩，把功劳让给上司

身处职场，我们一定要记住，领导处于交际中的主要地位，而我们则居于次要地位。因此，我们需要积极支持领导，在荣誉面前，我们应懂得退居幕后，这是合乎交际现实的。这样，不仅不会降低自己的“身价”，而且会取得领导的信任。

现代社会，紧张的工作、学习、生活，让每一个女人都需要在不同的身份之间巧妙地转换，她们是母亲、是妻子，更是职场白领女性。再以职场为例：在下属面前，她们是上级；在上级面前，她们是下属。职场女人们，如果你是下属，你就要有下属的姿态，你要懂得为上司“鞍前马后”；在功劳降至时，你要推功于上级，不要抢上司的风头。表面上看，这似乎对你不公平，但实际上，你却赢得了上司的信任，你也就获得了驰骋职场的通行证。

姗姗在某著名外企当一名采购员。一次，总公司下达了一个采购命令，预计用500万元购进一批化妆品原料，正当采购部经理准备去提货时，聪明的姗姗竟突然想到另外一种采购方法，可以节约150万元，因为上个月，子公司倒闭前还剩下了一大批刚进的原料。而刚好，这次需要购进的是同一种原料。采购部经理听完，很感激姗姗。但是，姗姗并没有把功劳记在自己名下，而是以领导名义申报的。在年终奖励大会上，她面对领导和广大员工说：“我真的是太钦佩领导的智慧了。” 因为她的名言是：“领导第一，才有利益。”最后结果是领导得了荣誉，姗姗悄悄得了奖金。两人的关系因此更拉近了一步。

姗姗的做法是明智的，她把功劳给了领导，为领导争到了面子，领导自然会感激她。

现实职场中，也不乏和姗姗一样聪明的职场女性，她们在做汇报的时候，将功劳和业绩都归于上级的英明领导，或者归于同事的大力帮助。她们抓住的恰恰就是人类对于虚荣的心理需求，把功劳推给上司，并不意味着你就没有功劳了，大家对事实心知肚明。他们一般也不会真的抢你的功劳。相反，他们会对你的做人处世的风格非常赞赏。如此看来，“转让光彩”实在有百利而无一害。

一个聪明的女下属，应该学会“驾驭”上司的本事。如何“驾驭”上司？那就是给足上司好处，让其为自己铺平职场进步的路。在职场中，不管你才高几斗，不管你有多大功劳，学会在领导面前低头，将功劳让给上司，你将受益无穷。一个被你“俘虏”的上司，不仅在公司内部能给你很多的指导和鼓励，你也能随着他（她）的升迁而获得更多的升迁机会。而如果你做不到“转让光彩”，你的上司就像一条拦路虎，业绩好的时候，他（她）会把所有功劳都算在自己的头上；业绩差的时候，他会把所有责任都推给手下。他（她）不会教你任何东西，你也得不到提拔，并且，他（她）得不到提拔的同时，意味着你的前途也是渺茫的。

其实，把功劳让给上司并不是单纯的恭维领导，还需要我们讲究策略，让得恰到好处。那么，我们该怎样做到转让光彩呢？

1. 不要怕牺牲个人荣誉

一个精明的英国人曾经说过：“一个人在世界上可以有许多事业，只要他愿意让别人替他受赏。”把功劳转让给领导，需要你学会牺牲个人荣誉，也许你会认为自己很吃亏，但实际上，你会发现，这种做法将会有利于长远的利益和奋斗目标。

2. 推功要巧妙

你的领导的智商绝不可小觑，推功也不可赤裸裸，而应该巧妙。另外，当你把功劳让给对方领导的同时，万不可到处宣扬。否则，会让人误以为你别有目的。

当然，工作中，如果你能做到为领导揽下一些小的过错就更好了。比

如，当领导有些工作做得不到位、上级领导正要训斥他（她）时，你可以过去帮他（她）解围：“对不起，刚才主任在帮我修改一个文件，所以耽误了他（她）的时间，导致他（她）的工作没有及时完成。”你看，这个理由既能助他（她）摆脱尴尬，又不会把你陷进去。上级领导不会再深究什么，领导也会对你充满感激，这可是一笔无形的投资。

心理小贴士

职场的成功不仅仅在于你能力的大小，还在于你是否会交朋友。其中，最重要的一点就是你是否会把上级变成和你站在同一战线上的人。而做到这一点，你就必须做到收敛锋芒，戒绝骄躁，放下眼前的小荣誉，把功劳转让给上司，也只有这样，你才能获得上级的支持，才能做好工作，成为职场的精英，登上成功的巅峰！

实时汇报工作，让领导放宽心

作为一个领导，他们一般都希望能了解下属工作情况。如果我们能做到实时汇报工作，让领导知道我们的动向，那么，领导一定会对你信任有加。

聪明的女人们，身处职场，你应该能发现，任何一个领导，都不喜欢下属跳出自己的视线之外，更不希望下属玩小动作、耍心机。他们都希望全程掌握下属的工作状况，但“日理万机”的他们，不可能做到事无巨细。此时，哪个下属能主动做到向领导汇报工作，谁就会与领导混个面熟。另外，经常性地向老板汇报工作，还可以表现出自己对工作的责任心、工作的努力程度，并可以获得领导的指正，不断修正方向，减少失误。

因此，作为一个下属，你若想要想赢得上司的信任，就必须学会主动汇报工作，以此给上司吃一颗定心丸。

小何毕业后就在一家外贸公司工作，如今的她已经是这家公司的部门经理了。她之所以升职如此之快，是因为她一直很懂得与领导沟通工作。而最近，由于事情多、很忙，她就忘记了向领导汇报工作。

有一天，她在开会时批评下属说："你们现在好像一天都很忙啊，好像都不汇报工作了。"可是，会后，她听见员工们说："何总光会说我们，她自己好像也有十天半个月没有去总经理办公室了吧。"这话倒提醒了小何，她想，这段时间，工作是很忙。但是也没有忙到没有时间去向上司汇报工作情况的程度，怪不得总经理这些天好像都对自己有意见似的。如果每天、甚至每两天抽出一个小时的时间走进上司的办公室，向他（她）汇报自己的工作，可能就不会是这样的情况了！

想到这里，小何立即安排秘书为自己做详细工作记录，第二天她走进上司的办公室，对老总说："总经理，这是我近来的工作进度，请您审查。"上司对她流露出微笑："有进步啊！"小何也报以微笑。

从案例中，我们发现，在与领导沟通时，主动的态度十分重要。主动汇报工作，与领导及时交流，不仅能及时更正错误或不当的工作方法，还能让领导放心。

而实际上，职场中，有些女下属是胆小的，她们往往迫于周围人际环境的压力，惟恐领导责备自己，害怕见到领导，不敢主动上报工作，也因此失去了展示才华的机会，更重要的是，也失去了上司的信任。

当然，向领导汇报工作一定要具有针对性，灵活操作，对于不同的领导，汇报的详尽程度是不同的：对那些只重结果的上司，只强调工作成

果，切忌喋喋不休地详述过程；而对那些看操作细节的领导，你则最好事无巨细都报告清楚，这样才能让领导满意。

那么，在向领导汇报工作的时候，该注意些什么呢？

1. 表达服从

古往今来，上下级之间，下级服从上级，这是天经地义的事。虽然也有很多下级顶撞上级，但他们都为此付出了代价。当今职场，这一规则更是不可动摇。因此，职场的女人们，在汇报工作的时候，你一定要注意这一点。也就是说，汇报工作，我们要尽量把焦点放在"汇报"上，而不能越权，更不能说越位话。

2. 汇报要有重点

工作中，你可能会遇到多件事需要一起汇报的情况。此时，你对每件事都应考虑周全，突出重点，在表达时不可啰唆絮叨，要力求简洁。毕竟领导的时间是宝贵的；另外，简洁有力的表达会让领导对你产生好感。

3. 条理要清晰

给领导汇报前，不妨先做个文字整理工作，用一、二、三、四、五来列点，言简意赅，层次分明，用最精练的语言，较准确地表达自己的汇报意图。

4. 了解领导的想法

聪明的女人们在汇报工作前懂得揣摩领导意图，领悟到领导更倾向于哪一种解决方案。于是，你可以把这一种方案放在前面先说，然后再把其他建议也一并给领导汇报，供领导决策参考。

5. 多提解决的方法

汇报工作最重要的是提出解决问题的方案而不是简单地提出问题。要记住，汇报问题的实质是求得领导对你的方案的批准，而不是问你的上司如何解决这个问题，否则事事请上司拿主意，要下属还有什么意义呢？你去找领导汇报工作时要预备多套方案，并将它们的利弊了然于胸。必要时向领导阐述明白，并提出自己的主张，然后争取领导批准你的主张，这是汇报的最标准版本。假如你进行的总是这样的汇报，相信你离获得晋升已经不遥远了。

6. 关键地方多请示

聪明的女人们，你还要善于在关键处多向领导请示，征求他的意见和看法，把领导的意志融入正专注的事情。

心理小贴士

任何一个职场人士，都应该学会揣摩领导的心思，主动向领导汇报工作，并掌握一定的汇报技巧，那么，你便能获得领导的赏识。

上司的面子比什么都重要

作为下属，你需要记住的一点是，上司的面子比什么都重要。当领导陷入尴尬境地的时候，你要帮领导找到台阶下，不能让领导失了面子。这样，不仅能让领导平静正常地继续工作，而且还能缓和气氛，最重要的是，领导会因此感激你，把你视为贴心的工作搭档。

身处职场，每个女人，每天都要与周围的同事、领导打交道，如何办事、说话很重要。而作为领导，也必须面对各种人际关系。他们处理各种人际关系的时候，也会因经验或能力的不足而面临尴尬的局面，或与客户争吵，或被上司批评，或被同级嘲笑……上司都是爱面子的，很多时候，

他们即使遇到一些自己无法控制的局面，也不会向下属开口。此时，聪明的女人们，你应该自觉地帮领导寻找一个台阶下，帮领导“打圆场”，以尽快让领导摆脱难堪的局面。这样，你的领导一上定会心存感激，与领导站在了同一条战线，你也就成了领导的心腹。相反，如果领导遇到困境而你熟视无睹，一副与已无关的样子，那么他（她）自然会找借口发泄对你的怨气。

小茜是某科技公司总经理办公室的秘书，她有个好朋友叫小妍，是办公室的档案管理员，两人关系很要好，又在一处工作，可以说是主任的左膀右臂。

有一天上午，她与小妍从外面办完事回来，刚进办公室，办公室主任就将小妍叫了进去，他二话不说，就破口大骂：“你这个档案管理员是干什么吃的，赶紧把××文件给我找出来！”小妍感到很委屈，莫名其妙就被主任骂了。她从小到大娇生惯养，哪里受到过这样的待遇，她应了声“好的”就直接冲到了卫生间，小茜看事情不对，就跟着问发生什么事了。

小妍哪里知道什么情况，从卫生间出来后，有好心的同事告诉她们，在她们上午外出办事的时候，公司高层打来电话，让主任找出一份重要的合同文件。主任平时只是喝喝茶、看看报纸的人，哪里知道文件在哪儿。于是，公司高层领导就骂他：“你这个主任究竟是怎么当的！连文件放在什么地方都不知道，你一天到晚到底在干什么！”

后来，小茜赶紧把那几份文件找了出来递给主任。主任亲自把文件送去了上级领导那里，但回来后，他的脸色更难看了。小茜心想，主任一定是又被领导骂了，她赶紧把刚沏好的茶端进去，没想到主任却说：“这个水怎么那么烫？你这个秘书是怎么当的？”见主任又把气往自己身上撒，小茜感到莫名其妙。她知道这个时候不能惹主任，便躲得远远的。

这个案例中，这位办公室主任为什么会把本来撒在小妍身上的气转给小茜呢？因为她让主任觉得正当自己需要帮助时却置若罔闻。如果小茜换一种方式处理这件事，比如，如果小茜找出老总所需要的文件后，不是交给主任，而是自己送到老总那里去，那么即使主任的脾气再大也不至于再朝小茜发火了，那小茜就主动给了主任一个体面地下台阶的机会。

事实上，与案例中的小茜不同，职场中，有这样一些聪明的女人，她们总是那么细心周到，无论在什么场合，她们都做好了随时为领导补台的准备。当领导做了不该做的事、说了不该说的话而陷入尴尬境地时，她们也总是能巧妙地为领导找到台阶，让领导对她们心生感激。的确，又有哪个领导不喜欢这样的下属呢？

当然，学会帮领导找台阶、“打圆场”，你需要做到以下几点。

1. 揣摩领导的心思，了解领导的意图

很多时候，即使领导需要帮助，也不会直白地表达出来，需要下属细心揣摩。原因有很多，但最普遍的情况是，领导碍于面子，不便随意表态，但倾向性意见不难猜测。这时你应该揣摩，不能强迫领导明确表态；与领导相处，最为重要的是那份“心领神会”，形成默契。有些事领导还没说，你就已经做好了，领导当然会对你赞赏有加。凡事等领导发话你才做，便为时已晚，他（她）在心里已经给你打了低分。

2. 审时度势，学会打圆场

工作中，如果你在领导身边工作，更要学会见机行事。当领导陷入尴尬境地需要有人圆场时，切不可置之不理，毕竟很多场合，领导不方便开口求助。

3. 给领导台阶，切记要保住领导面子

对领导来说，面子是最重要的。给领导找台阶，也就是为了保住面子，切不可本末倒置。

心理小贴士

相对男性来说，女性更细腻，她们往往更能捕捉到人际交往中气氛的转变。因此，女性一般更贴心，更懂得兼顾交际场合所有人的情绪。而作为一名职场女性的你，如果你也能把这种优势运用到与职场交际中，那么，你工作起来势必会顺风顺水。

别和领导走得太近，他需要维护自己的威严

人与人之间的交往，都需要一定的心理距离。而作为上司，他们更希望自己能在下属心中树立威信。因此，聪明的职场人，都应该知趣点儿，千万不要和上司走得太近。

任何一个聪明的职场女人都知道，与上司的关系如何，直接关系到自己的职场命运。因此，无论你从事什么样的职业，当自己跨入职场的那一刻，就要找准自己的位置。作为下属，你应该懂得把自己当成上司的亲信，但这并不意味着你应该和上司形影不离。事实上，你要明白，任何一个上司，都希望自己在下属中有威望，而你若和他（她）走得太近，则会减弱这份威望。因此，善解人意的女人们，在与上司打交道的过程中，你要知趣一点儿，与上司保持一定的距离，上司对你会更赞赏。

小米是个很讨人喜欢的姑娘，在办公室和谁都能聊得来。因此，才来新公司几个月的她，就已经成了大家的开心果。但和很多二十几

岁的女孩子一样，她也有个缺点，喜欢聊些八卦问题。以前在学校的时候，她就喜欢挖别人的隐私，因此，有朋友说她可以去参加狗仔队了。刚参加工作的她倒还没显示出这一缺点，因此，某些同事还对她掏心窝子说话。

小米所在的部门经理赛琳娜是个三十岁出头的女强人，但却还没对象。对公司这个新来的勤快小姑娘，赛琳娜从刚开始就很有好感，有时中午吃饭也邀她一起。在一起吃饭，自然也免不了聊天。小米很骄傲地谈到自己的男朋友，谈完以后，就顺便问赛琳娜："经理，我看您平时工作那么努力，可得注意自己的身体，女人一到三十岁，不注意保养，可是很容易老的。"听到小米这么说，赛琳娜的脸色马上变了，这不是在说自己老吗？但她也没说什么。可小米一点儿也不知趣，还继续问："我觉得，您真该找个男朋友，女人再强，还是要嫁人的呀，不然真的成剩女了。"正说着，赛琳娜的手机响了，赛琳娜马上对小米使了个眼色，就离席去接电话了。小米分明看到赛琳娜的电话显示是董事长。既然是董事长，赛琳娜为什么要避开自己呢？越想越不对劲。于是，小米准备直接问赛琳娜。

当赛琳娜回来后，她问："刚刚是您男朋友打的电话？"赛琳娜没想到小米会直接这么问，就遮遮掩掩地回答："没有，一个普通朋友。"看到赛琳娜的态度，小米心里已经猜出答案了。

于是，自打这件事之后，小米一有时间就去找赛琳娜问这件事。后来，赛琳娜一看到小米就躲开，她心想，这个小姑娘怎么这么讨厌？还是找个机会让她走人吧，不然，她迟早会把自己与董事长之间的关系抖出来。

果然，一个星期后，赛琳娜不动声色地宣布："我是来向大家宣布一个消息的：刚才总经理开会时说我们要在两个月内裁员两名，我一直在想，我们大家都挺努力的，裁谁好呢？我看就裁那些一天无所事事的吧。毕竟，公司不能拿闲钱去养那些没有能力、只会磨嘴皮子的人呢。"小米

发现大家的目光竟然都一起对准了她，她什么话也说不出来了。很快，小米就被辞退了，她悔不当初。

我们发现，故事中的下属小米犯的最大的错误在于，她自以为自己和上司赛琳娜关系不错，就口无遮拦，连领导的隐私也探寻，让领导觉得很尴尬，最终只能炒了她的鱿鱼。

的确，人与人之间虽然需要沟通，但也需要距离。与领导相处，你千万要记住，一定要理智，如果对方是男性，那么，保持距离不仅能为其树立权威，还能免除很多流言飞语；而如果对方是女性，那么，不要以为曾经聊了几句就把领导当成了闺蜜而不顾分寸，过多的相处也会让你与对方产生矛盾的概率加大。

另一个方面，如果你与职场中的某位领导关系过于亲近，也可能卷入职场斗争中。因为任何一个领导都希望自己做更高层的领导，你与他的对手关系亲密，也就无疑成了他的敌人。有一些女下属，甚至对于自己已经卷入领导间的斗争而不明就理。所以，聪明的职场女人会选择最佳的方法与领导交流——不越雷池办半步。

那么，具体来说，我们该怎样与领导相处呢?

1. 尽量以工作为中心

正所谓“静坐常思己过，闲谈莫论人非”，尽职尽业，做好自己本职工作，才会避免一些职场的是是非非。和领导交谈，多以工作为中心，可以表示你的尽忠职守，又可有效回避一些不应谈及的问题。当然，如果领导主动提出和你谈一些个人私事，倒无伤大雅，说明他信任你。

2. 谨言慎行

“言多必失”，爱说话的女人们，更是常常因为说话而为自己招致麻烦。因为有时候，即使你无意中的一句话，也可能会击中领导的软肋，揭了别人的“伤疤”，公开化了别人的缺点。尤其是在公共场合，这会让领导失了面子和尊严，而对方也会对你产生恨意。

3. 承认领导的能力，不要自以为是

可能你常常犯这样一个错误，就是把自己的想法强加给领导，以为领导的想法与自己一致，实际情况并非如此。领导毕竟是领导，他们有着丰富的工作经验和阅历，再加上他们所处的位置都造成了他们考虑问题的方式与你的不同，领导更喜欢从第三者的角度看问题，力求看问题公正、客观。因此，你在与领导交往时一定不要自以为是，以为自己所想就是领导所想，这样做只能适得其反。

心理小贴士

职场中，上司就是上司，员工就是员工。聪明的下属绝不会和领导走得太近，说话口无遮拦，因为他们深知只有摆正双方的角色，才能真正成为领导的知己。

巧妙邀功，不要总是埋头苦干

身处职场，我们的工作表现一定要让上司看得见，因此，我们要学会巧妙邀功。如果一味地埋头苦干、不懂得表现自己，那么你最终可能会被领导遗忘，升职、加薪也都会与你无缘。

当今职场，我们发现，有这样一些女人，她们辛勤工作，却始终“默默无闻”，工作能力和工作成绩都得不到领导的赏识。这是为什么呢？其实原因很简单，因为她们不知道如何邀功，最终也只能一直“俯首甘为孺子牛”。这里，我们不妨先想象一下，当你的领导在大脑中，搜寻手下有

哪些得力干将之时，他（她）会想到谁呢？如果你认为自己很有实力，但却并没有出现在领导的人才名单上，那么升迁、加薪这等好事，又怎么会轮得上你？

我们也不难发现，那些在职场上平步青云的人，大多数都是深谙“邀功之道”的人，她们懂得如何让领导看见自己的成绩，从而获得领导的认同和赞赏。

安娜是某知名公关公司市场部的职员，她是典型的“慢热型”的人。她在这家公司已经做了整整三年，生意成交通常是靠经年累月与顾客建立的良好关系。几个月谈一个单，但业绩也还算不错。她每个月拿着不高不低的薪水，人际关系不好也不坏，只是每年考核结果每况愈下，第一年得了个“良”，接下来每年考核都是不好不坏的“中”。也许是不在总部工作的原因吧，平时和上司、同事都是电话或MSN联络。

一次，她去公司总部办事，在电梯里偶遇公司经理，经理居然叫不上她的名字。其实，安娜虽然说不经常与经理接触。但三年来，一起参加过的大大小小的会议也不少，并且，有几次还一起出差。安娜反思了半天，问题还是出在自己身上。

后来，总公司的一位同事告诉她，他们有可能要开始放两周的无薪假了。这位同事还提醒她，别只会埋头干活，也要学会适当“邀功”，提高自己的“能见”度。

于是，她尝试着做一些改变，比如每周开例会时，也主动发言，以前她在人多场合说话都容易脸红，后来次数多了这毛病也纠正过来了。

一次，经理要来旁听分公司的策划会，安娜便提前做了精心准备，结果她的提案顺利通过。这次，终于让老板记住了自己。安娜还决定，光让经理记住自己还不行，还必须要让经理认可自己的工作。

以往，她经常会工作到半夜，也不会让上司知道。但现在，她会在半夜给经理发工作邮件。

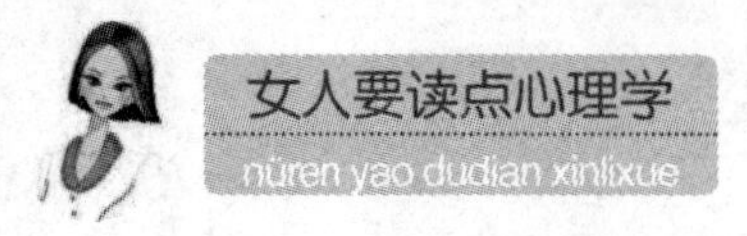

可能很多女人会很困惑，工作业绩不就说明了一切吗？难道还需要“自吹自擂”吗？其实，自我表扬并不是一种自吹自擂，更不是办公室政治游戏，而是一种提高“能见度”的方式。事实上，老板最容易患“近视”。让上司了解到你的努力才是最重要的。故事中的安娜自我表扬的方式就是在半夜给上司发邮件，让领导知道自己工作的努力，既然你真的为工作忙乎到深更半夜，告诉老板又有什么不妥呢?

那么，我们该怎样邀功呢？

1. 找准时机最重要

身处职场，我们与领导会抬头不见低头见，例如电梯里的照面、茶水间的闲聊或餐厅排队时间。一些职场女性认为，与领导碰面是一件尴尬的事。所以，多半她们都会装作鸵鸟假装没看见领导，或是紧张兮兮地说些言不及义的话。而事实上，这正是你向领导展示自己功劳。自我表扬的好机会。因为，没有其他人士在场，领导对你的关注度会增加很多。

比如，你可以随口说起：“张总，上周末我参加一个朋友的婚礼，遇到一位老总，跟他介绍了我们的业务，对方很有兴趣，并表示愿意给我们时间拜访，这周二我打算去登门拜访，详谈合作。”这样，你的领导就会觉得：即使在他（她）看不到的地方，你也在利用一切机会为公司争取资源，怎能不对你心生好感?

2. 为自己找个“代言人”

这也就是人们说的借助他人之口表扬自己。如果你不懂得怎么邀功，那么，你还可以尝试这样一招：找一个赏识你的人做个人形象代言。借他（她）之口，来为你间接公关。

此处，你可以寻找的代言人有：

一是你的同事。你和你的同事是平等的，你没必要去巴结谁，但你必须要明白，与同事和睦相处、关心你的同事都是绝对必要的。另外，不要害怕在必要的时候做领导者，因为那并不是坏事。比如，一个好员工退休

了，组织一个告别派对；有同事被提升，开个庆祝会。自告奋勇，别人马上会喜欢上你。

二是在领导重视的关键性人物心中留下好印象。借他人之口，让领导了解你的表现，在上司面前增加自己正面“能见度”，这无可厚非。但要注意把握时机和分寸，还要注意为你说好话的对象，那些说话有分量、为领导重视的人为你说的好话，有时候更奏效。比如，公司的大客户、领导的领导等。当然，这里的说好话，并不一定是客户的直接赞扬。

心理小贴士

现今职场，我们要赶快丢弃“埋头苦干”的过时态度，学习“抬头苦干”的聪明诀窍，学会巧妙地邀功，让领导认可我们的工作吧！

不说二话，表达对领导的绝对服从

任何一个职场人，要想获得领导的信任，就要对领导绝对服从。当领导下达任务后，也一定要立即执行，而不是自作主张，或者把领导的话当耳旁风。

每个职场女性，都不可避免会有一个甚至几个上司，也都希望自己能得到领导的喜欢，因为领导是自己职场之路走得能否顺畅的关键点之一。而如何让领导喜欢，这又成为很多职场女性苦恼的问题之一。有些女人简单地认为，努力工作、埋头苦干，自然会得到领导的喜欢。诚然，我们不能忽视“努力工作”才是硬道理这一点，但违背领导意图、不服从领导，即使你工作能力再强，可能也会在职场劳而无功。可以说，服从是让领导喜欢你的第一关键因素。

对此，可能你会不以为然，认为：“我也有自己的思想，不需要总是对领导说‘是’！”“对上司只会说‘是’，那我岂不就是白痴吗？”“领导的话又不是真理，也不一定全对！”“我们领导还没我聪明！”的确，也许你的想法有一定道理，但职场不是争论谁对谁错、谁更有能力的地方，而是一个指挥与被指挥的地方！作为一名下属，你所能做的——也是唯一和必须做的，就是不说二话，坚决地去执行。

李红是毕业后误打误撞就进了现在的这家公司，从事产品销售的工作。可能是她天生就是一个自信的女孩，也可能是刚参加工作，她对这份工作表现出了极大的热情。

这天，上司就让她去一个地方开发市场，那地方十分偏僻。上司曾经把这个任务派给过3个人，但都被他们推脱掉了。因为他们一致认为那个地方根本不会有市场，即便去了也是徒劳。但李红则不这么想，她认为，如果自己能开辟出这片市场，那么，即使自己还是个新人，在公司也能站稳脚跟。给领导留下个好印象。因此，她明白，这也是领导给自己的一个考验的机会。于是，她出发了。

但是，令同事们感到的惊讶的是，三个月后，疲惫的李红回到了公司，她带回了好消息，那里潜在的市场很大。

其实，李红在出发前，也认定公司的产品在那个偏僻的地方没有销路。基于坚决的服从意识，她还是毅然前往，并用尽全力去开拓市场，并最终取得了成功。

下属李红的这种不说二话、坚决执行的服从精神是所有职场女性应该学习的。无论什么时候，都应该主动、积极地去完成领导交代的任务，这是执行的第一步。任何一个高效的企业一定要有良好的服从观

念，一个优秀的职员也应该有服从意识。作为员工，如果和上司处处对着干，那将会既不利于公司的发展，也不利于自己的事业成功。在教育上有这么一句话“尊师才能信道”，这句话在公司中也同样适用。一个员工只有尊重、信任他的上司，才能努力地去做好自己的工作，这是一种主动的服从。

下级服从领导本来就是天经地义的事情。这是一种个人职业素养敬业精神的体现，更体现了你对同事、领导的尊重，对单位和企业的认可。

那么，我们该如何坚决执行、按照领导的意图办事呢?

1. 立即接受领导下达的任务

在这里你应该先相信领导，他们之所以为领导，而你不是，就证明你在某些方面还不如他们。工作中，经常会遇到这样的情况，看似领导错了，但最终却证明他们是正确的。领导所拥有的不只是资历，而且还有他们在职场上的阅历，他们犯错的概率一般比下属低。因此，当你和领导产生意见分歧的时候，你不妨多想想，从领导的角度再去思考一下，这样你可能会获得完全不同的答案。如果你一定得执行你认为是错误的命令，那你唯一能做的是：服从你的领导，认真去执行。

这里，领导给你下达任务，你在做出简单的考虑之后，就必须立即直接或者间接地予以明确地答应下来，而不要拖延到一两天之后才做出决定。

2. 你是执行者不是决策者

即使你在企业的职位再高，只要你不是老板，你都要记住一点，你是协助领导完成工作，而不是制定决策的人。所以，对于领导的决定，你可能觉得不是最完美，甚至你完全否定，当你的建议无效时，你也应该完全放弃自己的意见，全心全意去执行上司的决定。

当我们在执行领导布置的任务时，如果你发现领导的决定是错误的，那么，你需要做的，也是唯一该做的就是，尽可能地将这项错误造成的损失降到最低限度。

3. 准确领会领导的意图

“失之毫厘，谬以千里。”这句话用在职场执行任务上再贴切不过。这里所说的领导意图，是上级领导在布置工作、下达任务、做出指示时的本意，希望达到的目标和效果，它是组织工作的出发点和归宿。事实证明，只有真正领会领导的意图，才能将任务执行得准确、到位。

当然，你还应该明白的是，对领导绝对服从，但这并不是要你盲目服从，因为绝对服从和盲目服从本身就不是一个概念，而且绝对服从并不意味着缺乏主见。事实上，没有领导喜欢毫无主见的下属。

心理小贴士

每一个懂得服从的人，都应该是一个高效率工作的人。而要做到这一点，除了服从之外，更需要学会更具理性的服从。唯有如此，你才有可能取得事业上的成功。

第七章 女人不妨若即若离——与同事相处的心理策略

现代社会，任何一个女人，一踏进职场，就要和同事打交道。那些善于处理职场人际关系的女人，总是能得到同事的支持。然而，总是有不少女人为此感到苦恼，不知道如何与同事打交道，总是被一些潜在的职场规则弄得身疲历尽。而如果你能掌握一些与同事相处的社交策略，做一个“面面俱到”、“圆滑老练”的同事，那么，你自然能获得众人的接纳和支持，从而顺利推进工作大计！

私密问题不要告诉同事

同事并不是朋友，朋友之间一般是心照不宣的；而同事之间，既是合作的关系，又是竞争的关系。因此，在和同事交往的过程中，要懂得保护自己。对于自己的私密问题，千万不要告诉同事，做到这一点，能让你免除很多麻烦。

身处职场，任何一个女人，都要与同事打交道。能和同事和睦相处也是每个女人所期望的。因为只有同事间友好相处，才会有较高的工作效率、愉快的工作心情。但聪明的女人们，你们必须明白的一个道理是，与同事相处，不能太过单纯，把自己的全部私密问题向对方和盘托出，也不要参与办公室的任何八卦言谈，专注于工作才是保护自己的最有效办法。

但我们奇怪的是，办公室里，只要有女人存在的地方，就有源源不断的“语言”，因为女人们似乎总是爱谈论自己和他人的隐私。因此，人们常常开玩笑说：“远离女人，就远离了是非。”这只是句玩笑话，但足见职场女人要想拥有良好的人际关系，就务必要避免谈及他人隐私。

在办公室，你是个会说话的人吗？你是否因为谈及隐私而给自己带来过麻烦呢？我们先来看一则故事。

从前的阿静是个家庭主妇，她的丈夫经营着一家公司。刚开始那些年，她过得很幸福。但经过婚姻的“七年之痒”后，她发现丈夫出轨后，便毅然决然地离了婚。如今，已经过了三十岁的她不得不出来工作。后来，经过朋友介绍，她再次捡起自己的老本行——在一家会计事务所担任经理助理。

刚开始来这家公司， 因为多年不工作的关系，她感觉做什么都很吃力。但很幸运的是，她遇到了与一个自己年纪相仿的张大姐，张大姐很热心，平时没事就过来帮阿静一起处理工作上的事。不到一个月的时间，阿静就与这位张大姐情同姐妹了。

一次，张大姐和阿静一起喝咖啡，两个人聊着聊着，便聊到了情感的问题。谈到伤心处，阿静便将自己一肚子的苦水倒出来了："其实我真的不喜欢出来工作，但又有什么办法呢？女人只有自立自强才不会在遇到这种情况时手足无措。我也不怪他们，也许是我自己的问题，我对他的工作一点也不懂……"

听到阿静这么说，张大姐安慰道："你也别多想了，事情已经到这一步了。反正现在工作也不错……"

张大姐的安慰让阿静心里舒服了很多，她很庆幸自己能这么快找到这样一个好朋友。但她没有意料到的是，周一工作的时候，她的事情就在办公室传开了。大家议论纷纷："原来是没人要了才来找工作的啊，真可怜！""听说老板是她以前的男朋友，怪不得呢。""真是没有拆不散的婚姻，只有不努力的小三啊。"阿静听到这些的时候，简直不敢相信自己的耳朵。她真后悔没有管住自己的嘴，没有对别人防一手。没办法，看样子，这家公司待不下去了，她只好收拾东西辞职了。

故事中的阿静太单纯了，她因为太过相信自己的新同事张姐而把自己的秘密告诉她，结果张姐却把此事传的沸沸扬扬。

从阿静的故事中，所有职场女性都应该吸取教训，与同事相处，一定不能对对方和盘托出，更不要谈及自己的隐私。的确，职场是一个容易惹是非的地方，僧多粥少，你一定要理性一点，聪明一点，时刻谨记"逢人只说三分话，未可全抛一片心" 。其实，隐私本身也是一个相对而言的概

念，一件在一个环境中无伤大雅的小事，换一个环境则有可能非常敏感。作为一个职业人，人们的年龄、学历、经历、爱情婚姻状况等，有时也属于隐私。

具体说来，包括以下几个方面。

1. 薪水问题

很多公司领导不喜欢职员之间打听薪水，因为往往会出现公司内部“同工不同酬”的现象。员工之间的工资也会有不少差别，所以发薪时老板有意单线联系，不公开数额，并叮嘱不让他人知道。谈论工资问题，很容易引起同事间的矛盾，而没有哪个领导喜欢“包打听”的员工。

但有时候，事情往往找上门来，如果你碰上这样的同事，最好早做打算。当他（她）把话题往工资上引时，你要尽早打断他（她），说公司有纪律不谈薪水；如果不幸他（她）语速很快，没等你拦住就把话都说了，也不要紧，用外交辞令冷处理：“对不起，我不想谈这个问题。”有来无回一次，就不会有下次了。

2. 私人生活

每个公司和领导都不希望自己的下属把私人生活中的问题和情绪带到工作中来。因此，千万别聊私人问题，也别议论公司里的是非短长。你以为议论别人没关系，用不了几个来回就能绕到你自己头上，引火烧身，那时再逃跑就显得很被动。

3. 志向问题

在办公场所大谈人生理想显然滑稽，安心做好本职工作就好，即使有雄心壮志，不妨回去和家人、朋友说。在公司里，要是你没事整天念叨“我要当老板，自己置办产业”，很容易被领导当成敌人，或被同事看作异己。如果你说“在公司我的水平至少够副总”或者“35岁时我必须干到部门经理”，那你很容易把自己放在同事的对立面上，更让领导产生威胁感。

若能处理好以上几点，这就表明你在办公室的安全系数很高！

心理小贴士

身处职场，你一定不要在公司范围内谈论私生活，也不要随便对同事谈论自己的过去和隐秘思想，更不要传播别人的隐私！

对待同事，要一视同仁

身处职场，我们要认识到，每一个同事都可能对我们的职场命运产生决定性影响。因此，我们也应该对所有人一视同仁，而不应该厚此薄彼。

任何一个女人，在她跨入职场的那一刻，就必须要和同事们一起为共同的目标、为企业的业绩而奋斗。因此，可以说，同事是她们在工作时间内彼此相互交往、接触最多的人。然而，如何和同事处理好关系却是很多令职场女性苦恼的问题。然而，我们也发现，在我们工作的周围，有这样一些女人，她们是办公室所有人喜欢的对象，因为她们八面玲珑，兼顾所有人的感受。她们有着高超的说话技巧和应酬能力，能让所有人都乐意帮助她们。这样的女人，还怕得不到同事们的支持吗？

当然，也有这样一些势力的女人，在办公室中，她们对那些老同事，尤其是对老板的红人恭敬有加，但却冷落那些新人、那些工作职务低的同事。她们满以为自己能因此在职场中捞到好处，但却给人留下了势利眼的印象。这样的女人，估计谁都不愿意与她们交往。我们先来看下面一个故事。

王玲玲是个精明的女孩。大学毕业后，她就瞄准了一家大公司，然后努力准备，终于，她成功地进入了这家公司。在上班之前，她对公司的所有人都做了一番了解，哪些是老板的红人、哪些是办公室可有可无的人，哪些是能力强的人等，她都摸得一清二楚。

上班第一天，她就专门为大家买了小蛋糕作为早餐，但她只发给了那些她认为重要的人。虽然那些没分到的人没有说什么，但经过这件事，大家都对这个新来的小姑娘印象坏透了——“小小年纪，就这么势力！”

事实上，王玲玲的工作能力还是很受领导认可的，但这家公司有个制度，新员工的转正必须要得到同事们半数以上的支持。王玲玲满以为自己能成功转正，谁知道，曾经没有收到她蛋糕的那些人都投了反对票。最后有个老同事告诉她：“你当初那件事做得太难看了，你叫那些没有收到蛋糕的人怎么想？”王玲玲这才如梦初醒，自己当初真的做错了。

故事中的王玲玲为什么在关键时刻没有获得同事们的支持？因为她在与同事的相处过程中表现得太过势力！从她的故事中，所有的职场女性，都应该吸取教训，任何一个深谙交际之道的人都明白，身处职场，对待任何同事，都应该一视同仁，不要让任何人受到冷落，做到让所有的人都心满意足，你才是真地将“工作”做足了。

那具体来说，我们说话、做事，怎样才能做到面面俱到呢？

1. 不要曲意逢迎比你位高权重的人

诚然，很多时候，当那些老同事、能力强的同事或者领导在场时，你应该尊敬他们，但不要过分献殷勤，这样会招来其他人的反感。

小王是一个业务部的主任，虽然也是个小官，可是她一直想要高升，做到业务部经理的位子。恰好上届业务部经理要调到公司总部去了，在为经理的欢送会上，小王想把这件事敲定。于是，她“鞍前马后”为经理端茶倒水，高升的经理一时兴起，喝醉了，然后吐了。这时，小王实在不愿意为他擦洗，就吩咐同事小李："快拿个毛巾来给经理擦擦。"没想到小李说："想当经理就要吃得起苦啊！"然后把身后的毛巾扔到小王手里。

小王的确当了业务部的经理，可是却难以服众，原因就是大家认为她是靠溜须拍马才当上经理的。

这里，小王的举动对于维护同事关系来说是大忌，这样明显表现出了自己的目的，她完全可以隐晦地表达自己的意思。

2. 不要冷落那些"没权没势"的同事

办公室里，你会发现，总有那么一些闲人，他们"没权没势"，大家也好像把他们当空气。但你千万不要小看他们，也许他们才是真的老板的心腹，你的一举一动都被他们尽收眼底。他们也可能是真正的人才，只是暂时没有表现出来而已。因此，你千万不要冷落他们，也许在你最需要帮助的时候，真正能帮得上忙的还是他们。

3. 切忌在办公室与某个人交头接耳

由于办公室的人都比较多，在工作之余大家会闲聊起来。此时，在选择话题上，你要尽量选择能照顾到集体兴趣的，不要因为自己喜欢某个话题就一直说个不停。另外，也不要选择太偏的话题，而最忌讳的一点就是和旁人贴耳小声私语，这在无形中就会冷落了别人。另外，即使你不喜欢其中的某个人，也不要说话带针对性，让在场的其他人尴尬。

以上就是我们如何在职场与同事交往时应该注意的，如果能做到这些，我们就能处理好各方面的关系，不会有厚此薄彼之嫌！

心理小贴士

是否懂得与同事相处，在很大程度上决定了你在职场的命运，我们不可厚此薄彼地怠慢任何一个同事。如果你能做到让所有同事都心满意足，那么你也必定能得到所有人的支持！

调整好心态，与讨厌的同事也能良好地共事

同事关系有相互依存的特点，互相间需要谦敬、包容、礼让，因为任何工作都须通力合作，如若情感不相容，气氛不和谐，协调就成了空话。

女人一旦走出家庭、来到职场，就必须要和同事打交道。但实际上，并不是每个女人都能和周围的同事友好、和睦地相处。究其原因，其实很多问题并不在于别人，而在于女人自身。我们都知道，人都是独立的个体，都有自己的性情和处世风格，当其他人的处世方法不符合你的观点时，你大概会觉得“他真讨厌”。但讨厌别人并不是别人的错误，而是你自己的事情，只有调整自己的心态和讨厌的人好好相处，对自己和别人才更公平，你的职场生涯才会更顺利。

实际上，讨厌一个人并不一定是别人的错，明白这一点你才会心平气和地和你看不顺眼的人相处。因此，任何一个女人都要明白，若你想在事业上有所成，以健康适当的情绪、语言、举止和善意的态度，在同事间创造和谐的关系，是一个关键。

这天，气急败坏的王大姐回家后跟自己的老公抱怨新来的老刘真讨厌，跟他在一起工作真是一件恶心的事。

“他怎么恶心你了？”

“倒没有恶心我，只是你不知道，他长得实在太难看了，他的脑袋上的头发都能数得清。还有啊，他的品位实在让人不敢恭维，一个四十多岁的男人，整天穿什么黄色，粉色，真受不了，他也不知道照镜子看看。”王大姐一口气说了很多。

“那他长得难看是他的错吗？你以为所有人都和你老公一样帅啊？”

王大姐的老公这么说，王大姐听完后，扑哧一声笑了。

从这段对话中，我们发现，其实很多时候，我们讨厌一个人真的不是对方的错。而且，女人本身就是感性的动物，当她们看到一个与自己在穿着、打扮上风格不同的人，她们就会不舒服；如果她们遇到了自己在择偶观不同的人，她们也会把对方从自己的朋友圈子中踢出去；而如果在处世方法上与她们不同，她们大概一辈子都不希望与这样的人共事……而可能你没有意识到的是，正是因为这些不喜欢，便可能造成你与她们正面交锋的时候矛盾与冲突的产生。

有句古诗叫“相看两不厌”，而实际上，对于你讨厌的人，和你正是“相看两厌的”，不但你讨厌他（她），他（她）也同样讨厌你。在这种情形下，如果谁都不懂得约束自己的情绪，自然越相处越相互讨厌，最后弄到无法收场，成为职场上的敌人。如果你对待和你不同的人都用这样的态度去处世，那就会处处树敌，无法生存，与讨厌的人共事最重要的是调整好自己的心态。

因此，女人们，不要再意气用事了，即使你不喜欢这个同事，即使你真的与其在观念上有很大差异，也要本着一切为了工作的原则，与其和谐相处。为此，你需要做到以下几个方面。

1. 以工作为中心

在职场上一起共事，千万不可凭自己感觉，你喜欢不喜欢一个同事不重要，重要的是要一起完成工作。无论何时都要将目标任务放在第一位，把个人情绪放在后面，才能让同事关系更和谐，任务完成得更顺利。即使没有任务，你在职场上的最终目标无非是事业有成就，得到大家的认可，这和与每个人的相处都分不开，让敌人都佩服，才能算成功。理智地提醒自己这一点，你就很少有先入为主的讨厌情绪。

2. 更尊重对方

与任何同事相处，都要以尊重为前提。而如果你不喜欢对方，那便更要重视“尊重”的作用，因为两个相互讨厌的人，往往观点更不一致。如

果此时不讲“尊重”，会产生更多分歧，制造更多敌对情绪。对自己越看不顺眼的人越应该主动征求对方意见，主动尊重对方，这样可以使两个人之间变得融洽。

3. 出现分歧应就事论事

工作中，难免与同事产生意见上的分歧。如果真出现冲突，应理智地进行解决，就事论事，不要掺入以往恩怨或者个人情绪，否则会让事情更加复杂化。尤其是双方在公事上出现较大分歧时，应理智地说出自己这样处理的理由，然后询问对方这样处理的理由，综合考虑后再做出决断，不应意气用事；不应该武断地认为对方在针对你；不应该用过于激烈的言辞；更不应该进行人格侮辱或人身攻击。如果分歧确实不能达成一致，不妨做成两种方案，请上司裁断。

4. 不要在背地里说他坏话

身处职场，似乎有女人的地方，就有“小道消息”和“八卦新闻”，更有背后的指指点点。的确，女人总是闲不住的，而这正是职场女人较难拥有良好人际关系的原因。因此，不要在背后议论同事，尤其是自己讨厌的人，更不要说出讨厌他（她）的理由。

心理小贴士

身处职场，与同事交往，你要学会求同存异，不要妄图改变他人的想法，更不要采取不合作的态度共事。不要孤立自己不喜欢的同事，而应该首先调整自己的态度。在尊重的基础上宽容地看待对方的行为，才能和所有人友好相处。

职场有小人，离他们远一点会让你免除很多是非

人们常说“君子坦荡荡，小人常戚戚”，职场中的小人常常令人防不胜防。对于这样的小人，你只有离他们远一点，才能保护好自己，让自己免除很多是非。

现代社会，人际间的竞争越来越激烈，在这样的大环境下，即使与我们朝夕相处的同事，也可能在背后对我们放冷箭。职场中，也就是有那么一些人，在与人交往的时候，心怀鬼胎、作风不正、行事诡诈，冷不防就会对那些有损他们利益的人耍点儿手段，让人防不胜防。对于这样的人，我们做不到处处提防，但可以退避三舍。

职场中的女人们，你要记住，无论在工作还是生活中，你可以保证自己做人做事光明磊落，但不能保证别人也是如此。对于那些行事诡诈之人，只有远离他们，才能让自己有效地减少危险。

我们来看看欣欣的职场辛酸经历。

欣欣是一个单纯漂亮的女孩子，对任何人都不怎么设防。从一所名校毕业的她顺利地找到了一份在一家艺术公司的工作，具体工作是给舞台礼服设计花样图案。她很珍惜这一份能发挥自己专业才能的工作。但工作几个月后，她才发现自己的老板是个很抠门的人。每天都会看着办公室的员工们干活，看见谁偷懒，就会严格扣除工资。而他给欣欣的工资每月只有1700元，除掉房租勉强只够吃饭。因此，欣欣并不能像其他女孩一样可以大手大脚地花钱。即使想约朋友，也是把他们带回家里来，然后亲自下厨做菜招待。

欣欣刚来公司的时候，认识了一个比她稍长一点的姐姐。因为在同一个学校毕业，而那个同事比她资深，算是个小领导，平时在公司也算对欣欣照顾，所以欣欣就死心塌地对人家好。

有一天，那位女同事因为和男友分手，心情不好，看到欣欣在工作，便不分青红皂白地把欣欣骂了一通。欣欣虽然也生气，但知道原因后，从那同事的角度想想后，也就原谅了那个同事。次日，她还是满面微笑地招呼那位同事，就当作什么也没发生过。

而那女同事压根儿就是个小人，看见欣欣没有生气，反倒觉得奇怪："我这么对她，她居然没有一点记恨的表现，肯定是装的！"于是，这个女同事就心生恨意，准备先下手为强，将欣欣赶出公司。终于，她等到了机会。

不久两人去外地出差，客户选中了欣欣设计的几个方案，却没有挑中那同事的任何一个。欣欣还好心把样稿让一部分给那同事做，没想到对方压根儿不念好，更对欣欣记恨在心。

第三天，欣欣被公司一个电话提前召回，等待她的是放在桌子上的辞退通知信。她流着眼泪读信，感觉自己是不明不白地被辞退的。后来，有个心眼好的同事告诉她，原来是那位女同事在老板那儿说了坏话，说欣欣在外出差不好好干活，设计的图案一幅没被选中，还抽空溜出去玩。老板当场大怒，下令把欣欣立刻开除，其他人怎么劝也没用。

这时，欣欣才知道原来自己是被陷害了，还是被自己一直信任的人。她真是哭笑不得，她也不想解释太多，就收拾东西离开了公司。

欣欣的那位女同事，可以说简直是一个现代版的"以小人之心度君子之腹"的小人，这样的小人生活中自然不少。其实，欣欣落得如此悲惨的下场，也与她自己交友不慎有莫大的关系。她错就错在太善良，对人不留一手，把饿狼当知己，到头来还被饿狼咬了一口。

可能很多刚踏入职场的女孩们都会遇到类似于这样的问题：那些前辈们一个个都对自己礼貌有加，为了能加深与前辈们的关系，你会主动将自己的一些小秘密与他们分享，你满以为自己已经在职场交到了真正的朋友。可是，似乎升职、加薪都与你无缘，你满以为自己努力不够或者是运气不好。于是，即使你心存疑虑，但还是一直努力地工作着……但事实上，你根本没想到，是那些你所谓的“朋友”和“前辈”绊了你一脚。大多数在职场栽跟头的人都是因为没有避开这些“小人”的暗算。

可能很多女人会产生疑问，那该如何对付这些小人呢？很简单，“惹不起咱躲得起”。见面时，如果她有意亲近你，那么，你可以给自己找个借口离开现场；对于同一件工作任务，你最好不和她一起做！

心理小贴士

身处职场，我们要有防范之心。所谓的小人，他们都是都工于心计的，和别人交往时，他们往往把自己真实的一面隐藏起来。交往中遇到这样的人，切记不要让他们完全掌握你的秘密和底细，更不要为他们所利用，或一不小心陷入他们的圈套之中。

懂得拒绝，别被大家当成“软柿子”

身处职场，我们都希望自己能与同事搞好关系。当同事需要我们帮助时，我们绝不能袖手旁观，但这并不意味着对于同事的任何要求，我们都要答应。因为如果来者不拒，你就会变成被大家摆布、被当成“软柿子”。

相信任何一个女人都知道，身处职场，只有学会合作与分享、为人慷慨大方，才能获得大家的支持。然而，任何事情都需要讲究一个

“度”字。我们发现，有这样一些女人，她们是大家眼中的老好人，她们总是充当着照顾别人的角色，因为她们不敢拒绝别人，但最终，她们却伤害了自己。

聪明的职场女人们，你应该懂得，工作中，每个人都有自己的职责和义务。你来者不拒，对于他人的求助都大包大揽，那么，最终，你只能令自己事事处于被动。有可能你永远会成为别人支配的对象，你永远只会听到这样的话语“某某，给我拿份文件”、“某某，给我倒杯茶”，等等。即便你内心满腹的不情愿，但只要你不懂得拒绝，那就只有咬牙坚持下去。直到把所有的事情都做完，当你没来得及松口气的时候，下一个你难以拒绝的请求又会出现。长此以往，会让你整个工作和生活都处于被动状态，你只能等待着被要求去做什么，而你自己是难以决定自己想做什么的。不懂拒绝的人，虽然她给人的外在形象是一个“老好人”，但久而久之，你会被大家当成“软柿子”，大家会习惯你的帮助，习惯什么事都找你，那么，此时的你该怎么办呢?

在一家大型的广告公司里，有一个勤快的姑娘，大家都叫她小王。小王头脑聪明，热情助人，刚刚进入公司的时候，她就下定决心要从最基层做起，要成为所有人的好朋友。所以，公司里的事情，属于自己分内的，她会努力做好；不属于自己分内的，只要有人喊自己帮忙，她也会努力做好。慢慢地，她在同事之间赢得了一个“热心肠”的绰号。

小王感到十分满意，但是过了一段时间以后，她才发现：有些事情，同事原本是自己可以做的，但他们总是让自己去帮忙。有些人的态度很随意，似乎吩咐小王是一件理由当然的事情，帮忙之后，最后连“谢谢”都懒得说，似乎让小王帮忙是给了自己很大的面子。甚至有的人，还将自己手头的工作交给小王去做，而自己竟然去做私活。

小王虽然心里不高兴，但又不好意思拒绝，更关键的是不懂得拒绝。结果被那些事情弄得乱七八糟，整天忙得脚不沾地，工作非常被动，而且自己的工作还经常出现小错误。小王感到很烦恼：自己热心帮助同事有错吗？为什么会让自己变得这样被动呢？

案例中，小王热心帮助同事并没有错，错在于她来者不拒，不懂得拒绝。工作中，当朋友遇到了不能解决的问题，你出手帮助是应该的，但帮助同事也应该有个度。你首先需要保证自己的工作已经做好，当你自己的工作都还是一团糟，那你有什么能力去帮助别人呢？即便自己的工作已经做得很好了，面对他人提出的要求，自己也应该权衡一下，是否该帮忙，对于应该帮忙的，需要马上动手；而不应该帮忙的，则要懂得拒绝，这样才不至于走到像小王这样被动的地位。

然而，可能你是一个生来不会拒绝他人的女人。你会认为，拒绝同事会被大家认为是不友好的表现。的确，说“不”很困难，但是这个“不”字却很重要。不会拒绝他人的人，总似乎活在别人的世界里，他们是难以有所成就的，甚至有可能会掉进别人精心设计的陷阱里。比如，贪官在落马之后总会说自己收钱不仅是受贿，而是“我这个人脸皮薄，人家一再坚持给，我就不好意思推辞”。也许他是在为自己的贪欲找借口，也有可能是真的不懂得拒绝，但结果是被动之下成为罪人。

因此，从这一点看，任何一个职场女性，你必须要明白，有些情况下，你必须懂得拒绝，具体来说，这种情况包括：当对方的要求违背了我们做人的原则、甚至违反了道德和法律的时；当同事的要求和自己的意愿或者计划相冲突时；当自己能力不及时。当然，你需要拒绝的情况还有很多，但无论如何，即使你想与同事搞好关系，也要慎重做承诺，绝不可来者不拒。

心理小贴士

作为职场中人，我们的能力和精力是有限的，而同事的要求却是永无止境的，有是的合理的要求，有的却是过分的要求。如果你不好意思说“不”，轻易承诺了自己无法兑现的诺言，势必给自己带来更大的苦恼，同时也会让自己陷入被动的境地。

同事有困难，不要袖手旁观

身处职场，当你的同事遇到了困难，你能伸出援助之手时，对方心中必会有一种温暖、安全的感觉，就会充满自信和快乐。“投我以木瓜，报之以琼琚。”自己既然受了别人的关心，他（她）也同样会关心别人，这样相互之间就容易形成一种友好、融洽的关系。

工作中，我们发现，有这样一些女人，她们在工作中往往能得道多助，如鱼得水。也许我们会发出疑问，她们的好人缘来自哪里？其实很简单，她们懂得发挥自己的性别优势，用真情与关怀打动同事。当同事遇到了难以解决的问题时，她们能主动站出来，帮对方一把。的确，女性具有与男性截然不同的性格特征。女性大多天性善良，而且比较细腻温柔。女性是天生的感性动物，她的表面看上去很平静，但内心却并非沉默。她们渴望着别人的关怀与问候，但她们更善于用女性的柔情关心他人，获得他人好感。

因此，要真诚地关心同事。当同事有求于自己时，只要是正当的，就要尽己所能满足对方的要求；当看到别人有困难时，要主动去帮助、关怀和体贴。

陈婷婷是一家大型广告公司的主管，她来这家公司已经两年多了。原本，她只是个小职员，但因为她总是乐于助人，平时和大家相处得很好，在公司领导选举会议上，她被大家一致推选为部门主管。

一提到陈婷婷，公司同事绝对会这样评价：“她是个大好人。”曾经有一次，公司的张大姐家里出了事，她的老公因为贪污入狱，家里的财产也全部被充了公。而此时，她的女儿却得了急性肺炎。张大姐一边要替丈夫周旋，一遍又要照顾自己的女儿，更关键的是，家里还有老人生病住院，简直分身乏术。陈婷婷知道后，二话不说，拿出自己积攒的一万块钱，借给张大姐给家人看病，然后还安慰张大姐："别急，这些事情总会过去的，无论你遇到什么事，请一定要告诉我。"听完陈婷婷的一番话，张大姐的眼眶湿润了。她没想到，平时不大爱说话的陈婷婷居然是个这么热心的人。很快，张大姐家的事情都解决了。从此以后，她决定一定要好好报答陈婷婷。

还有一次，正准备下班的她看见新来的同事小王还在工作，就过去看看。没想到刚来的小王对公司的各种软件并不熟，正在一点点弄。她赶紧走回自己的办公桌，把自己整理好的文件拿给小王，并说："看看这个吧，也许对你有点帮助！"小王对她递了个很感激的眼神。

在这家公司，似乎所有的同事都被陈婷婷帮助过，因此，大家对她都很感激。

故事中的陈婷婷，之所以能被大家推选为主管，就是因为她是个热心的人，在同事需要帮助时，都伸出了援助之手。的确，我们发现，真正会办事、会说话的女人，会在同事遇到困难、情绪低落的时候，给予帮助和心灵上的安慰。此时，你一句嘘寒问暖的话都会让她感到你的友好，她也会记住你的好。因为人们都有报恩心理，尤其是自己落难时，别人的任何好处都会使得自己终生难忘。

的确，生活中常会有意外发生，如果同事突然碰到不测之事，要及时地、真心地安慰他们，对他们多些探望，多些陪伴，多些帮助。

因此，职场女人们，你若想拥有好人缘，就需要真心关怀身边的同事，真正做到发自内心地体会别人的感受。久而久之，对方一定会被你打动。相反，当他人需要你的帮助时，你选择袖手旁观，那么，对方只会认为你是个冷血的人。日后，当你需要对方的支持，他（她）也会以同样的态度对待你。

当然，除了在同事需要时候主动出手外，真心关怀同事的方法还有很多。身处职场的女人们，只要你做个有心人，没有搞不好的人际关系，没有留不住的朋友！

心理小贴士

面对职场竞争，可能很多人都会各显神通，十八般武艺全都耍一遍，以此挤走竞争者。这并没有错，但聪明人会利用自己的人际关系取胜，这时也是表现超脱人格魅力的好时机。现代职场，那些人际关系好，深得同事喜欢的人机会会比那些孤军奋战的人多！

专心工作，远离办公室的八卦话题

办公室中，同事之间在工作之余可以交流一下感情。但不管如何无聊，都不要在办公室闲聊那些八卦话题。如果你被大家认为是一个八卦话题的传声筒，那么，你只能被大家讨厌。

现代社会，身处职场，我们每天除了要完成自身工作，还要与周围的同事打交道。工作之余，三五个同事聚在一起聊天就成了联系感情的主要方式之一。尤其是女人们，更是喜欢在工作之余闲聊。当然，谈话内容可能涉及工作以外的各种事情。于是，掌握与同事间谈话的分寸就成了人际沟通中不可忽视的问题，毕竟办公室不是可以随意倾诉心声的场所。

我们不难发现，办公室就是有这样一些爱聊八卦问题的女人，她们常常以探听他人隐私为乐趣。其实，探听他人私事在办公室中是最令人讨厌的一种行为。办公室不是让你八卦的地方，在工作中，你要尊重上司和同事的隐私与习惯。

小于是个爱说爱笑的女孩，因此，人缘不错。去年年底，她应聘上了某公司市场部职员的职位。其实，以小于的学历和能力，是进不了这样的大公司的，但原来这个职位上的一个叫朱莉的女孩辞职了，小于就很幸运地顶替了她的位置。一个萝卜一个坑，朱莉的电脑自然也归小于这个新“萝卜”用。上班没多久，小于便在一天午饭时眉飞色舞：“前面那个人蛮有趣的嘛，在电脑里留了很多小说，有一篇写得真棒，不晓得她哪里下的……你们要看不？”

午休时间，大家都说不看白不看。于是，同事邮箱里都收到了小于发过来的小说，开篇第一句就是：“爱上我的上司艾森，已经两年。”——不幸的是，女主角名叫朱莉，部门经理也叫艾森。更不幸的是，这绝不是小说，小于看不出，其他同事却一眼就发觉了。但不幸中的万幸，是小于没有“邮件群发”，只发给了几个她聊得来的，部门经理就没有收到。

大家看完了面面相觑，倒把小于吓到了。有人拍拍她的肩，“删掉这篇文章吧，以后不要提……”叫她不提，可私下里，同事们怎么忍得住：“朱莉怎么那么粗心？走的时候都不‘格(式化)’硬盘？”“她暗恋了那么久，经理说不定是知道的，还是不理她。她这么做明摆着是让这些东西抖搂出来让经理难堪嘛！”“也不一定，说不定她在等着有一天可以传到经理耳朵里，反正他太太也不在上海……”

不知道这篇在公司里传来传去的“暗恋日记”最终有没有传到经理那里，总之小于在经理手下干得很不开心，半年不到就辞职了。

这个职场故事中，职员小于实在是个冤大头，而她犯得错误就在于不该揭露别人的隐私。说了闲话，而且还涉及领导，自然，只能以辞职来解决此事。

的确，职场中，人与人之间的关系很复杂也很敏感，特别是在办公室这种场合，几个人在一起就闲聊起来。有时说到某个人时，还会扯出一大串人家的私事。在这种时候，很多女人，把持不住自己，就会附和着说起某人的私人问题来。有时候这种交谈会被添油加醋地传到那个同事的耳朵

里，显然你们的关系要蒙上一层阴影。

可见，在办公室闲聊八卦问题是很危险的，无论谁的隐私，我们都不便谈论。于是，如何在职场规避风险已经是每个职场女性必学的功课之一。

1. 专心工作，多干少说

任何一个精明的职场女性，都不会涉足那些无聊的八卦问题，因为这是终结你职业生涯的致命武器。

因此，你要把注意力始终放在工作上，多干活，少说话，不仅能有效避免这些八卦话题，还能给领导留下勤奋、踏实肯干、厚道的印象。

2. 谢绝不实的八卦

办公室中，人多嘴杂，总是有那么一些唯恐天下不乱的分子，他们喜欢拿这些八卦问题来作为谈资。对此，最好的方法就是采取三“不”：不听、不问、不参与。

不做八卦传声筒，你就不易卷入是非之中。对方如果挑明想知道你的意见，保持微笑、借口忙碌，或者假借接电话拉开距离，都是不着痕迹的谢绝。

而当你被人误解时，你也不要急于解释。否则，只会越描越黑，其实最好的解决之道就是保持沉默、沉淀心情，让时间替你解释一切。因为，不存在的事并不会因为多说几次就发生；相反，一个人对你有刻板偏见，也不是几句辩白就能改善的，真的不如把力气用在更有意义的事情上。

心理小贴士

在办公室里，你要分清哪里是公共区域，哪里是个人空间。每个人的工作范围就是其个人空间，你不要有事没事去打听他人的事，也不要参与一些不实的八卦问题的讨论。

不在失意的同事面前谈论你的得意之事

处于失意中的人们往往是敏感的。如果此时，你在他们的面前谈及你的得意之事，那么，对方势必会把你当成假想敌。因此，聪明的职场人会懂得收敛情绪，当同事失意之时，他们绝不以自己的成就来“刺激”他。

任何一个职场女性都知道。职场成功的一大秘诀就是为自己赢得人心。赢得了人心，能让我们在职场左右逢源，好人缘能为我们所用。“三十年河东三十年河西”的道理，今天失意的同事明天说不定就得意了。假若我们能在对方失意之时对其进行肯定和认可，而不是大谈自己的得意之事，那么对方一定会对我们产生感激之情。

谢灵和陈颖都是一家广告公司的文员。但同样是女人，而且同样都是漂亮女人，命运却完全不一样。谢灵在自己25岁的时候，就嫁给了一个地产商，衣食无忧，每个月老公都会给她一大笔钱买衣服，自从她产下一个可爱的儿子后，老公对她更是宠爱有加了。而她之所以还在工作，完全是为了想多交些朋友，不想让自己与社会脱节。

相比之下，陈颖的生活就惨淡很多了。她也是在25岁的时候结婚的，但她结婚对象却是一个工厂的职工。两个人的老家都在农村，两个人好不容易凑齐了首付在城里买了套房子，但到现在连装修的钱还没存够，只能暂时窝在一个出租屋里。眼看两个人都不小了，但却不敢要孩子，因为实在养不起。这就是为什么陈颖平时在下班之后还去卖场打工，因为她需要钱。

这天，陈颖被老板骂了，因为她头天晚上没睡好，在办公室的时候居然睡着了。恰巧被老板看见了，就这样，她这个月的奖金没了。当她从老板办公室垂头丧气地走出来时，她听到谢灵又在吹嘘自己的豪华生活：

“昨天，我去新光天地买了一件九千多的皮草，哎，买的时候觉得可以，一买回家就不想要了，真是的，下次买东西还是要想好，九千块也不少了。陈颖，你说是吧，你和你老公半年应该都存不到这些钱，对吧？”当谢灵问她的时候，她愣了一下，只是回答了个“是”字。她心里很难受，这不明摆着是说给自己听的吗？

自打这件事后，陈颖就很讨厌谢灵，一有机会就为难谢灵。谢灵是个花架子，很多事情都不会。原先她还可以问陈颖，而现在的她在办公室显得很无助，不知道该怎么办了。

这则职场故事中，原本两个关系不错的女人，为什么关系一下子变僵了？因为谢灵不该在失意的陈颖面前显摆自己富裕的生活。

一般来说，失意的人较少攻击性，郁郁寡欢是他们最为普遍的一种表现，但这并不是表明他们没有反击的能力。可能你的得意之语并没有针对性，可这却可能引起对方的嫉恨。这种嫉恨不会立刻明显地表现出来。可他们有自己的反击方式，比如背后中伤、背后搞破坏等，明枪易躲暗箭难防。

因此，任何一个希望获得同事支持的职场女人，都应该低调一点。无论你取得了什么成就，你都应该照顾他人的感受，尤其是那些失意的同事。具体来说，你要做到以下几个方面。

1. 不炫耀自己的成功

每个人都有点虚荣心，每当自己取得一定的成就或达到某个目标后，难免会产生一些优越或得意的心理，但你千万不要在其他人面前表现出来，更不要借机贬低、挖苦别人。言者无意，听者有心，很可能你一句炫耀的话就伤害了别人，从而让别人产生嫉恨的心理。

2. 热心帮助失意之人

如果你不希望你的成绩让那些失意之人心里不舒服，你最好应该和他们保持一定距离。这是让自己安全的最好方法，但如果你希望化敌为友，你还应该学会在背后帮助他们、关心他们。并且，如果你能掌握一些沟通与交流的技巧，寻找一个机会委婉地指出他们存在的不足，让他们明白自己的缺点，他们才会把注意力放到提升自己这一点上。当他们真的进步后，他们就会对你心存感激。

比如，如果在同事当中有人因你的美丽仪表、风度而忌妒你，不妨把你的美容方法传授给她，根据她的个人条件指点她的穿戴，让她变得优雅起来。当她因为你的指点而得到别人赞美时，她会非常感谢你的。

3. 关心失意之人

关心那些失意之人有一定的技巧可言，并不是语言上的安慰就有效，因为有些小肚鸡肠的人会把这当成你变相地得意和看笑话。为此，你不妨给予适当的协助，甚至给予物质上的救济。而物质上的救济，不要等他开口，而应随时采取主动。有时候，对方急需要你的帮忙，但因为面子关系，又故意称自己不需要。在这种情况下，你应该主动表达自己的关心，对其雪中送炭，这样他会心生感激。

心理小贴士

每个人都有被尊重的需求，尤其是在自己失意的时候，更需要别人的理解和关心。而如果你不顾及对方的感受，大谈自己的那点小成绩，势必会伤及对方的自尊心。

第八章 女人要“专权”也要“放权”——驾驭下属的社交策略

身处职场，任何一个领导者进行各项工作，离开下属的支持都是无法开展的。现实工作中，很多女性领导，她们经验丰富，她们在管理下属的过程中，似乎显得更游刃有余。这是因为她们善于运用一些心理计策，无论是批评指正下属的工作，还是向下属下达任务，甚至是激发下属积极性，她们都能赢得下属的支持，轻松取得工作的胜利。

赏罚分明，树立在下属心中的威信

任何一个职场领导，要想在下属心中树立自己的威信，从而调动下属工作的积极性，就须同时制定奖励和惩罚条例，并保证严格实行，不得轻视或取消两者中的任何一方面。

生活中，我们发现，有这样一些气场很强的女上司，她们虽然身材瘦小，也从不对下属吆来喝去，但却能让所有下属都对她服服帖帖，为什么呢？因为她们懂得如何通过合理的奖赏和惩罚来激励下属。相反，也有一些职场女人，她们在与下属打交道的时候，一味地压制下属，以为这样就能树立威信。实际上，这样只会让你的下属怨声载道，他们又怎么会愿意心甘情愿地接受你的领导呢?

三国时期杰出的军事家诸葛亮执法严明，赏罚分明。对于以私废公、放肆专权的李严、廖立等，均绳之以法；而对于严明守法、廉洁自律的官吏，如蒋琬、费祎等，则大加褒扬、一再提拔。正因为诸葛亮以法治军、赏罚分明，因而蜀军士气旺盛、战斗力相当强。

其实，不仅古人需要非常重视治军方面的法纪严明，当今社会，任何一个职场女领导，在管理下属这一问题上，都必须要做到赏罚分明。赏罚的关键是：要严明、公正；“赏不可不平，罚不可不均”；不分人的贵贱，谁有功就赏谁，谁违纪，哪怕是“皇亲国戚”也要严格惩罚。这样做，不仅能从正、负两方面来激励下属，更能树立你在下属心中的威信。接下来，我们来看女领导肖云是怎么做的。

肖云在市里某机关单位工作，她一向是个刚正不阿的女领导。为此，即便那些五大三粗的男人，也对这个女领导服服帖帖。

有一次，单位有批办公器材需要拉到维修部门去维修，而她工作的单位地点与维修部门之间有很远的距离。为了保障这批器材的安全，肖云让秘书小周陪同司机老王一起去。小周一直是个办事谨慎的年轻人，这也是为什么肖云让他去的原因。

没想到的是，卡车行至半路的时候，突然下起了雨。路上的行人一看下雨了，就一个个慌乱地躲雨，也没有注意到红绿灯。就在这时，老王一个急刹车，但已经晚了，卡车与路上的一辆小汽车撞上了。小周赶紧让老王下车，去看看汽车里人怎么样，然后，他果断地打了急救电话。此人很快被送到了医院，幸亏人没大碍，很快就醒过来了。老王和小周常常地舒了一口气。

回到单位后，他们做好了挨罚的准备，但没想到肖云却公开表扬了他们："这次的事故不怪小周和司机老王，当时的情况太混乱了，而我表扬他们的原因是他们很机警，及时把人送到医院，并且，这还发扬了我们单位同事做事负责的态度，我们绝不能学社会上那种出了事就逃逸的坏作风……晚上我请客，替你们压压惊。"

自打这件事后，在单位下属的心中，他们对肖云更加敬佩了。

这则故事中，我们发现肖云的确是一个明智的领导，换作其他领导，也许会对下属进行一番严厉的惩罚。但她没有这么做，她能站在事实的角度，对此事进行了一个公正、合理的处理，自然会让下属对她钦佩有加，进而愿意死心塌地地接受她的领导。

总之，只有奖罚分明的管理者才是一个好领导，正如兵法所言，"用赏贵信，用刑贵正"。身处职场的女领导们，你如果也希望成为一个好领导，那么，你就必须做到赏罚分明。要做到这一点，你就必须制定出严格的赏罚政策。也就是说，每份文件都要详细规定事情"该怎么做"、"谁检查"、"做好了如何奖励"、"做不好如何处罚"等，真正做到有法可

依、有据可查，并在此基础上建立绩效考核机制。这样，在公开的制度下、公平的标准下，所得出的赏罚结果也一定是公正的。

心理小贴士

每个员工的心中都怀有渴望被他人褒奖或认可的心理，所以会产生勇往直前的精神。褒奖与斥责可以引导他们不断进取，或者不再重复犯错。而最重要的是，赏罚分明，是一个领导树立威信的心理策略，让对方信服，这样他们就会自然而然地去支持你。这就是威信。

莫争功、不避责

不争功、不避责的领导是智慧的，他们最擅长的就是在轻描淡写间应对一切，在不动声色中收买人心。

在我们工作的周围，不乏这样一些女人，她们在之所以在事业上取得成就，是因为她们总是能获得下属的支持。在日常工作中，她们总是能把下属的利益放在第一位，当大家一起努力完成某项任务时，她甘居幕后，把表现的机会让给下属，让下属获得成长；而当工作出现了问题时，她也能主动站出来承担罪责，而不是把责任全部推到下属身上。而同样，也有这样一些女人，她们对待功过锱铢必较，在功劳面前，当仁不让；在过错面前，则总是找借口推脱。如果是你，你更愿意哪种女人当你的上司？毫无疑问应该是前者吧。

的确，身为一名职场女上司，你只有获得下属们的支持，才能在执行工作计划的时候顺心顺意，才能众望所归，获得更好的职场发展；反之，你的职场之路一定会走得很艰难，甚至以失败告终。

陈红是某地产集团运营经理，她经过半年时间，和大家齐心协力完成了上级交代的一个重大项目。

后来，上级领导来视察工作，作为陪同者，她一展自己的口才，不费吹灰之力地将功劳都揽在了自己的身上。上级领导大夸她的工作能力，并给了她很多奖励。这件事被她的下属知道后，都在背后骂她是小人，便决定不再支持她，还有许多人给上级写检举信，揭发她的错误，暗地发誓，不打倒她绝不罢休。

为了贪图一个美名而葬送未来的前程，又是何苦呢？对于案例中的陈红，可能只有当她看到站在她面前的庞大的敌对阵营时才能明白不懂得“推功”这一潜规则是何其危险吧！

现今社会，很多事情仅凭一个人之力很难赢得成功，任何一项工作，都需要彼此间的协作。合作是成功的关键。女人们，你要懂得，即使你是上司，你的能力比所有的下属都强，但你仍然是集体的一分子；任何成功，不可能是你一个人的功劳，因此，有好处时要大家分，利益均沾才能齐心。

身处职场的女人们，可能你没有认识到这一点，但如果你长期居功自傲，甚至独揽功劳，时间一长，当然会引得别人不舒服。尤其是那些有能力的下属，他们势必会产生不再配合你工作的想法。此时，你就等于失去了左膀右臂。而其他下属，常在你手下工作，却得不到认可，他们也不会再愿意帮助你。无数职场经验和教训告诉你，凡是喜欢争功的人都不会受到同事的欢迎，不会获得老板的欣赏，争功的结果就是使自己陷入孤立境地。

把功劳和荣耀让给别人或与人分享是一个聪明的做法，独自贪功是自私和愚蠢的做法，它会给你带来人际关系上的危机。

当然，在不争功的同时，如果你还能做到不避责，那么，你在下属心中，一定是个完美的领导了。

因此，对于功劳和责任，你需要做到以下几个方面。

1. 把功劳让给下属，让下属也获得成长的机会

其实你也明白，办公室里有那么几个人，他们的能力很强，他们对于你的职位也觊觎很久了，他们曾经试图找到你的失误之处，然后将你拉下台。其实，对于这样有野心的下属，你不应该打压，而应该给他们一些表现的机会。在共同完成一件任务后，你也可以把功劳让给他们。这样，他们的虚荣心得到了满足，自然会选择支持你。他日，当你获得更高的职位时，她们顺理成章地坐上你现在的位子，双方各得其所，这才是皆大欢喜的结局。

当然，对于所有参与合作的同事，你都应该提及他们的功劳。并且，你还应该采取实际行动来与大家分享成果，如请大家看一场不错的电影，或者请大家吃一顿饭。别人分享了你的荣耀，心里获得平衡，也就不为难你。

2. 获得荣耀时也不要自我膨胀

人往往一有了荣耀，就会自我膨胀，就可能忘了“我是谁”了。你的下属就会另眼看你，要忍受你的骄傲和气焰。但要不了多久，她们会在工作上有意无意地抵制你，让你碰钉子。因此有了荣耀，要更谦卑；要不卑不亢不容易，但“卑”绝对胜过膨胀，就算“卑”得有点儿过火也没关系，别人看到你的谦卑，就不忍心找你麻烦、和你作对了。

3. 不推脱责任，让下属心生感激

你是下属的上司，她们在工作中出现了某些问题，其实你也有监督不力的罪责。对于那些问题不严重的罪责，你完全可以主动扛下来，这样，你会获得下属的感激。当然，对于那些违法乱纪、对公司造成重大损失的罪责，你还是要考虑清楚，不能什么都出头。

心理小贴士

聪明的上司都知道收买下属的心对于自己的职业生涯的重要性。然而，这就需要我们在日常工作中做到不与下属争功、不避罪责，让下属看到你的威严和人格魅力，他们才会心甘情愿地支持你。

南风法则，以情动人好过以钱动人

被人关心、尊重是每个人的心理需求，而假若一个下属能获得领导的关心，那么，他（她）一定心生感激，并愿意始终追随他（她）。

身处职场，任何一个女人都知道，作为领导，要顺利开展各项工作，离开下属的支持都是无法实现的。而要取得下属的支持，就必须要对下属进行人文关怀。你只有正确把握好方式方法，坚持用真诚、平等、温暖的情怀去管理，才能让人感觉到春天般的希望，才能使全“家”上下具有共同的奋斗目标和价值追求，对团队有强烈的归属感和认同感，对组织有充分的信任感和依托感。如此这般，才能人人心情舒畅，保持积极向上的心态，齐心协力干事创业。

然而，我们不难看到，一些女人，她们在调动员工积极性方面，采取的是“以钱动人”的方法。刚开始，这一方法很奏效，员工也努力工作，但时间一长，他们对所谓的金钱奖励也麻木了。这是为什么呢？因为真正能打动人的是“真情”，而不是“钱财”。

法国作家拉封丹写过这样一则寓言：

北风和南风比威力，看谁能把行人身上的大衣吹掉。北风首先使劲地吹，一时间寒风凛冽、冰冷刺骨，结果行人把大衣裹得更紧了。南风则徐徐吹动，行人于风和日丽中，觉得暖意融融，于是开始解开扣子，继而又脱掉了大衣……这便是所谓的“南风法则”。

从这则寓言故事中，身为职场女上司的你，应该获得的启示是：“感人心者，可先乎情。”对下属实行温情管理，更易打动下属。那么，什么是温情管理呢？它是指身为企业的领导者，应该尊重、信任并关心下属，让下属感受到领导者和企业的人情味。那么，他们自然愿意支持你的领导工作，同时，还能提高他们的工作积极性。

事实早已经证明，凡是能取得下属信任的领导者，都有一套能让下属从内心欣然接受的管理手段。这套管理手段就是以情动人。这样，即使他们工作虽有压力，但更有动力、更有希望。虽有劳累，但不觉得心累，更充满工作的快乐感、幸福感和愉悦感。我们再来看看女领导杨静是怎么做的。

杨静是一名销售主管，在她的带领下，他们部门的销售业绩在所有分公司一直是最好的，因为她在下属的心里不仅仅是主管，更是大家的老大姐。

在杨静的办公桌的抽屉里，放了一本小册子，里面记载了所有下属的资料，包括出生年月、家庭状况，性格等方面。因此，每个月一开始，她就会翻开小册子，看看这个月有哪些下属要过生日，到了那天，她都会精心为对方挑选一份礼物。单就这一点，大家都很感动。

平时工作中，只要她发现哪个下属的情绪不对劲，她就会把对方叫到办公室，然后问清楚。对于自己力所能及的事情，她都会主动帮忙。有一次，一个女下属因为离婚心情不好，请了一个月假，杨静不但没有怪罪，反倒每天一下班就去找她逛街、吃饭。后来，这位女下属回忆：“那段时间要不是杨大姐，我都不知道怎么办，那时候，想死的心都有。”

故事中的杨静就是个富有人情味的领导，对于自己的下属，她不仅仅扮演了一个上司的角色，她还是大家的大姐。正是对下属的关心和关怀，让她获得了所有的支持。

因此，如果你是一名女上司，你一定要关心下属，这是实施温情管理、调动下属积极性的重要方法。你需要关心下属的方面实在太多，无论是工作还是生活，无论是下属的现状还是发展，无论是员工自己还是他们的家属。比如，当下属家中有事，你可以出面帮忙；当下属出差，你要考虑如何帮助其安排好家属子女的生活；当下属遇到了不幸的事，你一定要第一时间出现，帮助他（她）渡过难关，甚至还要发动大家给予帮助，解除下属的后顾之忧。

心理小贴士

“人非草木，孰能无情”，作为上司，如果你实行温情管理，处处关心下属，事事尊重下属，下属就会在工作中备感舒适和温馨，就会“投之以桃，报之以李”，就会愿意接受你的领导，并以饱满的工作热情，充沛的工作精力，充分发挥自己的聪明才智，为企业作出更大的贡献。

敢放权，多给下属表现的机会

作为一名上司，不要总是试图掌控一切，你的下属同样需要一个表现和成长的机会。因此，你不妨试着将一部分权利赋予你的下属，让他们感受到你对他们的重视，他们一定会全力以赴，同时会对你产生感激之情。

现代社会，相信任何一个身处职场的女人都知道人性化管理的重要作用。人性化管理的特征为尊重人、信任人、爱护人和激励人。同时，人性化管理要求领导者给予下属权利，让下属在工作中充分发挥主人翁精神，以此激发员工的责任意识、提高生产率和工作质量。而这一管理对领导者自身而言，做到放权，能让下属感受到领导对自己的尊重，自然也会对领导者心生感激。因此，聪明的女人们，如果你是一位职场女上司，那么，你应该学会这种管理下属的心理策略。这样，你不仅能获得下属的支持，更能让自己从繁忙的事务中解放出来，去享受美好的生活。

然而，现实工作中，总有这样一些女人，她们似乎就是操心的命。一进办公室，她们就希望所有的下属都在自己的支配下工作；她们似乎总是不放心下属的工作能力、组织能力、管理能力。因此，她们在管理下属时，总是凭兴致而定，凡事事必躬亲，大事小事一应包揽下来。久而久之，下属不但失去了成长、学习的空间，还逐渐依赖领导，而她们自身，往往身心俱疲，还不被下属理解。

因此，从现在起，如果你是这样的领导者，那么，在管理工作中将员工当作工具、封建家长式的作风应当抛弃。取而代之的应是尊重员工的个人价值，合理地设计和实行新的员工管理体制，最重要的是要做到赋予下属权利，多给下属表现的机会。另外，赋予下属权利也是为你自身分担工作的重要方法。在领导工作中，面对看似无法完成的工作任务，领导者最有效的办法就是要知人善任。这样领导可以腾出一些时间和精力抓大事，下属也可以得到锻炼的机会。

周末这天，严华终于抽出时间，离开了令人窒息的办公室，她把自己的姐妹玲玲约出来，两人相约在一家咖啡厅见面。

“最近怎么样？”玲玲问道。

“什么都好，就是这个工作，快让我崩溃了啊，以前做小职员的时候倒还好，现在一当主管，原以为做了领导可以轻松点，但没想到事情更多，什么事都要我亲自处理。”

“我看你呀，就是操心的命，很多事，你不去做，交给下属，其实更好。”

“怎么说？”严华不理解玲玲的意思。

“你想啊，如果你是下属，你的领导什么都不让你干，还什么都要插手，你怎么想，是不是觉得领导不相信你的能力？”玲玲说完后，严华点点头。玲玲继续说道：“那就是啊，你自己累得半死，还吃力不讨好。你看那些大公司的领导为什么那么闲，没事就去打高尔夫什么的，就是因为他们懂得放权，把工作交给下属做。这样，不仅锻炼了下属的能力，更重要的是，这是一种信任下属的表现。”

玲玲的一番话提醒了严华，她决定是该调整一下自己的管理方式了。

这里，玲玲的一番话是有道理的：交给下属一些权利，不仅能分担自己的工作，还能让下属的能力得到展现，让他们产生自豪感。

当然，授权不是简单地派任务。你要将下属的能力及期望考虑进去，并且要让下属了解自己在授权下必须达到哪些具体目标，以及在什么时间内完成。只有在明确这几点后，授权才能产生效能。只有做到这一点，才能让下属找到成功完成任务的自豪感，也才能起到真正的激励作用。

另外，你需要注意的是，对下属授权，不能下达那些指令型的授权，因为这样做，会导致下属一旦离开你便不知所措的后果。

心理小贴士

任何一个领导，都要做到将部分权利分给下属。做到“该放手时就放手”，不懂得放权的领导只会扼杀自己取得更大业绩的潜力和可能性。

批评下属，“三明治批评法”更深入人心

聪明的领导者在下属犯错误时，绝不会不顾下属感受、劈头盖脸一顿臭骂，而是会掌握批评的艺术，让下属心甘情愿地接受。

俗话说：“金无足赤，人无完人。”在工作中，作为上司的女人，你难免会遇上员工和下属犯错误的情况，此时你如何批评下属就体现了你的领导艺术。有一种“三明治批评法”，比如，有的人遇到一件事情，事情做得不够好，大多数情况下，直接去批评效果一定不好，那你要先使用赞美，然后使用小小的批评，最后再去赞美。众所周知，三明治中间一般都是最好吃的东西，把批评指正放在赞美的中间，批评也就容易被下属消化了。

美国著名的女企业家玛丽·凯·阿什在批评下属时，采取的就是“三明治批评法”，而且她的这种做法收到了很理想的效果。她有自己的管理心得：“批评最终的目的是要让下属认识到自己的错，因此，我们应对事不对人。在批评前和批评后，都对其表扬一番，你就不会把对方激怒。”

因此，身为领导的女人们，你也应该学习玛丽·凯·阿什的这种批评方法。你应该努力发现下属的一些闪光点，你给下属一些阳光，他们会还你一片灿烂。

刘女士是某外企的公关部经理。公关部是公司的门面，自然对员工的穿着都有一定的要求。但这天，新来的刘小姐却身着一身新潮服饰。对此，刘女士不能不管，但她并没有直接批评小刘，而是这样委婉地说：“嘿，小刘，今天的发型很漂亮啊（第一步——赞美），如果配上咱们公司的职业装（第二步——其实是批评），你会更精神更漂亮（第三步——

赞美）！”

的确，批评本身就不是一件愉快的事情，所以管理者者应该注意自己在批评时的态度。即便有些个人成见，也要始终保持友善的气氛。那么，具体来说，我们该如何使用“三明治批评法”呢？

1. 在提出批评之前，先对下属充分肯定

这有助于减轻下属的恐惧心理；然后适时地提出批评，让其理智地思考自己的过错，而不是陷入情绪的对抗当中；最后再次给予肯定和表扬，让下属怀着积极的心态离开你的办公室。

2. 不要伤害部下的自尊与自信

批评下属要把握一个核心，就是不损对方的面子，不伤对方的自尊。例如：“我以前也会犯下这种过错……”；“每个人都有低潮的时候，重要的是如何缩短低潮的时间”“像你这么聪明的人，我实在无法相信你会再犯一次同样的错误”；“你以往的表现都优于一般人，希望你不要再犯这样的错误”。

3. 友好地结束批评

没有人喜欢被否定，你的部下同样是如此。因此，批评不当，很容易让对方感到一定的压力，对其造成心理负担，甚至对你产生对抗情绪，而这非常不利于以后沟通工作的开展。为了避免这一点，你可以在批评结束时，以友好的态度表明你的期望。比如你可以说：“我相信你一定能做得更好。”这是一种鼓励。而如果你说：“今后不许再犯”，那么，对方势必会认为这是一种警告，那么，这无异于另一次打击。

4. 选择适当的场所

下属也是爱面子的，公共场合的批评会让下属下不来台。因此，你最好不要当着众人指责，指责时最好选在单独的场合。你的独立的办公室、安静的会议室、午餐后的休息室，或者楼下的咖啡厅都是不错的选择。

心理小贴士

“三明治批评法”就如三明治，第一层总是认同、赏识、肯定、关爱下属的优点或积极面；第二层（中间这一层）夹着建议、批评或不同观点；第三层总是鼓励、希望、信任、支持和帮助，使之回味无穷。这种批评法，不仅不会挫伤下属的自尊心和积极性，而且还会使其积极地接受批评，并改正自己的不足方面。

“激将法”能让下属全力以赴

几乎每个人都有挑战自身潜力的渴望。对成功怀有强烈渴望的人尤其如此。他们渴望挑战困难，以此来超越自己，证明自己。对于这样的人，你越是表明某事难干，他们越有去干的斗志和决心。这就是激将法。

人们常常说：“树怕剥皮，人怕激气。”人们都有不服输的心理，越是被否定，越是要证明自己；越是受压迫，越是要反抗等。聪明的女人们，如果你是一位领导，那么在工作中，也可以利用激将法帮助我们达成工作目的。比如，如果你希望你的下属接受一项任务，那么你可以告诉他（她），此项工作的难度很大，没有一定的工作能力和时间，是无法完成的。他（她）可能心里已经在想：是不是太小看我了，我偏偏要试试，把时间控制在10个月内！结果，他（她）真的十个月不到，就大功告成了。

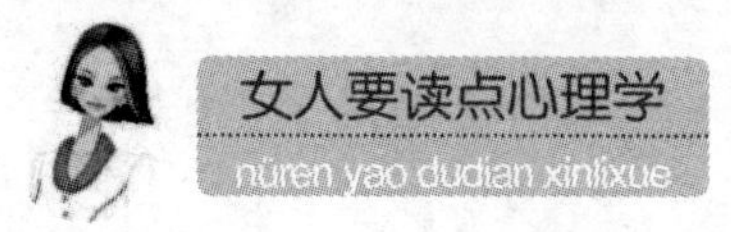

在刘备夺取汉中的作战中，诸葛亮就曾连续两次使用激将法，调动老将黄忠用智破敌的积极性，使这位年近七旬的老将军，在这次作战中立下汗马功劳。又如，诸葛亮首次下江东，履行联孙抗曹的使命。诸葛亮知道其中的关键是周瑜，而且他也知道周瑜的性格，于是他使用了激将法。他和周瑜见面时闭口不谈时局，却背诵了曹操的《铜雀台赋》，周瑜听罢勃然大怒，终下抗曹的决心。这是为何呢？原来在曹操的诗中提到了“二乔”，大乔是孙策的妻子，小乔是自己的妻子，妻子都将要被人夺走了，他自然火冒三尺。所以，诸葛亮的激将法是成功的。

现代社会中的女人们，你完全也可以借用诸葛亮的这一智慧。作为领导的你，如果直接对下属下达一个有难度的工作任务，那么他可能不愿意涉险。即使接受任务，也不一定会全力以赴。不过，人们还有一种心理，那就是，如果我战胜困难，那么我该多有面子。因此，你可以利用下属的这一心理，成功激将。我们来看看下面故事中的杨经理是怎么做的。

杨红是某公司市场部的经理。最近，上级领导交给她一个任务——开发某市郊区的一片市场。杨红明白，这是一项艰巨的任务。而且，如果不全力以赴地把精力投入到当地居民的生活中，是无法做到的。于是，她找来部下陈明，准备让他锻炼下自己的能力。陈明是个很有潜力的年轻人，不怕吃苦，工作有干劲。这也是杨红准备把这项任务交给他的原因。但陈明与公司的另一个青年邱涛关系不好，两个人明里暗里都在较劲。

当陈明敲门进入她的办公室后，她便开门见山地说：“老实说，这并不是一件很容易做的事，但这也就是我为什么没有让其他人接手而直接找你的原因。”

“嗯，这片市场的确还没有敢去开垦啊。”

听陈明这么说，杨红知道陈明迟疑了。于是，她接下来说：“我知道是有难度，你要是觉得有困难，我就再去找找邱涛吧……”

一听到杨红提到邱涛这个名字，陈明立即说：“没事，我肯定能做好，请相信我……”杨红知道，她的目的达到了。果然，陈明不负众望，三个月后，他带着满满的业绩表来交了差。

这则职场故事中，陈明为什么这么爽快地就接受这份艰巨的任务？就是因为杨红的那句话“我知道是有难度，你要是觉得有困难，我就再去找找邱涛吧……”这句话的含义是：如果邱涛把这件事做成了，那么你的颜面何存？自然，陈明的挑战欲被激发了。

不过，对下属巧言激将，一定要根据不同的交谈对象，采用不同的激将法，才能收到满意的效果。犹如治病，对症下药，才有疗效。因此，总地来说，在运用这一心理策略时，你要注意以下几个方面。

1. 了解下属的弱点

逆反心理能否起到应有的作用，就要我们了解对方的弱点。“请将不如激将”，也要了解“将”的“致命伤”。比如，对于那些爱表现的下属，我们不妨从反面说：“我知道您也是能力有限……”这样一激，对方肯定答应了你的请求。

2. 因人而用

你在运用这一心理策略时，要先了解对方，因人而用。尤其要对对方的心理承受能力有所了解，如果激而无效，那么也是白费力气。

3. 掌握火候，语言不能“过”

如果说话平淡，就不能产生激励效果；如果言语过于尖刻，就会让对方觉得你瞧不起他。语言不能过于激烈，也不能过于平淡。过于激烈，欲速则不达；过于平淡，下属无动于衷，无法激起下属的自尊心，也就达不到目的。

心理小贴士

激将法是一种很有力的心理技巧。使用激将法，往往能够使对方感情冲动，从而去做一件他平常不会做的事。

下达指令要准确，下属才能看到鲜明的目标

领导者在下达指令的时候，若含糊其辞，目标不准确，下属只会感到无所适从，要么不去做，要么靠自己的想象发挥来做，必然导致结果出现偏差。

如果你是一名女上司，你应该明白，无论你所在的工作岗位是机关单位还是企事业单位，在工作中你都免不了要下达指令。所谓指令，是指领导通过各种方式，如强制、问询、请托等，将工作计划中的各种任务交给部属分头执行以达成组织目标的一种管理方式。因此，指令是一种使计划能付诸行动的必要方式，而且是每一位领导责无旁贷的义务。然而，身为领导者的你，在对下属下达指令时，一定要准确，才能让下属看到鲜明的目标，才能准确地去执行。

杨怡是一家电话销售公司的经理，平时她的工作很忙。每天，她的办公室的门总是不断地打开、关上——出入的人实在太多了。她一直认为自己是个很明智的、很善于与下属打交道的领导。然而，一天下班后，她无意中听到了两个员工的对话。

那天，大家都已经下班走了，她也准备离开公司，但却看到新来的员

工萧晨还在敲着键盘。她这才想起来，她今天让萧晨改报告的事。她想过去看看，但这时，员工老李走了过去。萧晨对老李说：“哎，一份报告我居然写了三次，还不知道合不合老板的意？”言语中透露出无尽的挫折。老李安慰了一下萧晨。接下来，萧晨说：“刚进公司，要学的事已经够多了，时间都不够用，偏偏报告要一遍遍地改，每一次讲得都不一样，都不知道要怎么写才好？”

“老板是怎么说的？”老李问。

萧晨说：“第一次老板告诉我‘把每天的业务电话记下来。’所以，我就记下所有的电话和内容。结果老板说，‘不需要这么详细，浪费时间，只要记下有成交结果的电话就好了。’所以我就记录下成交的结果，后来老板又说，‘这样太简单了，你不能只写结果，还要把互动的内容记录下来。’”

……

听到这里，杨怡才发现，原来只是因为自己下达命令不准确而让一个新来的员工这么辛苦，实在不该。

这则职场故事中，女领导杨怡因为无意中听到下属之间的对话而看到了自己工作上的不足。那么，她到底哪里做错了？下达指令不准确，让下属就一份报告前前后后修改了三次。的确，我们发现，很多时候，上司和下属之间可以说是在彼此乱弹琴，一个说不清楚，一个听不清楚，时间就浪费了。再加上情绪的波动，可能会增加更多的负面效应，所以明确的行动要求，对于职场领导是非常重要的一个技巧。试想，如果故事中的女领导杨怡一开始就明确告诉萧晨，她的报告内容必须包括哪些部分，甚至举例说明，这样员工不就一目了然了吗？也不会因为一份报告来来回回折腾好几次，还产生挫折感。

职场中，的确有一些女领导似乎很喜欢和下属玩文字猜谜的游戏，话说得糊里糊涂、不明不白。做下属的，也不敢多问，也只好去猜领导的真实意图。猜错了不但白白浪费时间，还会制造许多误解，有时甚至耽误公司重要的流程。而最终的结果就是，做领导的认为下属办事不力、工作效率低；而做下属的，也只是敢怒而不敢言。

比如，一位女上司把下属叫过来说：“上个月我们的业绩很不好，我觉得我们应该有所改进。”

下属问：“我们也知道必须找出方法改进了，那么上级领导者对此有什么看法呢？公司又想达到什么样的目标呢？”

上司回答：“公司的目标，就是希望你们干得更好些，把公司的销售业绩提上去。”

这里，很显然，这个上司发布的指示，对于下属而言是无效的，因为它太概括太笼统了。因为从上司的话中，下属既没有了解到上司对于工作的具体改进要求，也没有获得改进工作的具体目标。由于上司的含蓄风格，使这次沟通成为完全没有意义的沟通，下属只能仍然按照自己的想法去工作。

另外，一些领导者喜欢下模糊性的命令，比如他们常说“你报告做完就拿来。”这样模糊不清的话，很容易在将来引发争端。

因此，从此处看，你在下达指令的时候，最好能明确化，不仅要让他明白大致的方向，还要做出进一步的要求：“你按照工作计划中的安排，在第一周时间内完成第一部分的销售业绩，下周这时候，我们再针对你这周的工作进行一次商讨，这样的安排你觉得可以吗？”清清楚楚指出时间和任务量限制，目标十分明确，这样可避免很多因沟通而产生的工作误差。

心理小贴士

每个人都有一定的讲话偏好，有的人含蓄委婉，有的人啰啰唆唆；有的人直截了当，有的人遮遮掩掩。但作为领导，下达指令一定要明确，否则就会给下属造成理解上的障碍。

不要给下属开“空头支票”

作为一名领导，切莫给下属乱开“空头支票”。而对于已经答应下属的事，就应该兑现。无法实现就不能许下承诺，否则会让下属感到寒心，也会让他们对你失去信任，这样的领导是很难在职场有一番作为的。

身处职场，我们都知道，作为领导者，在工作中，给下属鼓励是一种激励。这种鼓励的方式有很多种，比如加薪、升职、奖金、福利等。但你若许下承诺，就一定要兑现，千万不要给下属开“空头支票”。

聪明的女人们，可能你会认为自己是领导，即使开了空头支票下属也不敢做违背你意愿的事，但你还需要明白“水能载舟亦能覆舟”这个道理。如果你的下属已经对你失去信任，被你伤透了心，那么，他们很有可能存心给你使坏，让你的工作无法正常开展下去。我们先来看下面一个故事。

小芬经营着自己的一家服装设计公司。她一直希望能把自己的公司做到国际市场上，但她是个十分抠门的人。她经常让下属加班，一周七天，大家有三天以上的时间需要加班。对于这些加班的下属，她经常对大家承诺：“大家再努力一点，这个月业绩要是能达到××万，我就带你们到三亚旅游！”听到老板这样的承诺，大家自然是干劲十足。可是当月底业绩表显示业绩额完成、大家满心欢喜地等待她的发团通知时，她却说：“别一天到晚想着玩，赶紧干活去。”就这样，一个月又一个月地过去了，她给大家开了很多“空头支票”，但却没有一张兑现过。

后来，有个员工主动辞职了，他们质问小芬的做法。对此，小芬的回答是：“走就走吧，你走，有的是大学生来找工作。我也不缺你这样的人。”这句话后来传遍了整个公司。接下来，公司总是有人辞职和应聘。小芬倒也很高兴，可是她怎么也没有想到公司的寿命只有短短一年。因为公司受到市场影响，根本没有业务。公司的几个骨干也都走了，剩下的也都是一些没有能力的人。看着即将倒闭的公司，小芬傻眼了。

故事中，小芬的公司为什么到最后不得不面临倒闭？剖析一下，无非是两个原因，第一是一直经营不善，对市场判断不准确。第二是领导的个人原因。她作为领导对下属乱开空头支票，伤了下属的心，造成下属离职，人才流失。的确，原本你给下属很好的承诺，下属努力做了，也达到目标，你却反悔不兑现承诺。最后的结果是，下属敢怒不敢言，更有甚者会因此辞职了事。

可见，身为领导者，对下属兑现诺言是多么重要，因为你不守信用，对方自然不愿为你效劳。相反，假如你言出必行，履行了自己许下的承诺，那么，你就在下属心中建立起了品牌效应。他们也会认为你是一个信守承诺的人，你做事的“交易成本”就会大大减少，人际沟通的效率就会大大提高。

总之，身为职场女上司，在对下属做承诺这一点上，你需要注意以下几个方面。

1. 尽量注意自己的言行，不要随便许下承诺

你要记住，你是一个领导者，尽管你应该与下属沟通感情，但在遇到工作业绩良好、事业进展顺利时，千万不要在下属面前喜形于色，更不要随便脱口而出许下承诺。

2. 冷静面对下属主动要求的“支票”

一般在女上司面前，有些调皮的下属会懂得见机行事，会诱使你做出承诺。比如，“我们提前完成任务，您是不是给我们发奖金？”等。越是这样，你越要冷静。

3. 一旦做出承诺，一定要实现

你也许一时高兴就做出了承诺，但这并不要紧，要紧的是你一定要实现。当你实现了你无意中为下属“开的一张支票”，他们更会钦佩你的为人。

4. 可以不事先“开出支票”，等下属实现目标后再奖励

有时候，你并没有答应下属什么，但下属却努力工作，提前完成了今年指标。作为主管，如果主动提出给下属奖励，那么肯定会给大伙莫大鼓励，如上KTV、烧烤或者临时度假等。

总之，你必须认识到，“空头支票”会伤透下属的心，会让以后的管理出现无法想象的损失，如偷懒频率上升，辞职人数增加等问题。到时候，你手下无人或者剩下一批偷懒的下属，效率肯定会低下的。

心理小贴士

在每个下属心中，都有一定的有期望值，你得给他们目标和梦想。“开出支票”是引诱他们不断前行的必要条件。但是，目标达到了，你若不能兑现自己的诺言，那么，下属肯定会心生怨言。如果你真这样做了，只能说，你不仅丢了诚信，更是丢了人品。

第九章 女人，给自己一包爱情保鲜剂——婚恋中的心理策略

从古至今，爱情一直被那些文人墨客浅唱低吟得经久不衰。行走之间，见惯了那些痛彻心扉，刻入骨髓的情爱。不知是哪一位哲人发出了一声慨叹：女人，在爱情面前就变成一个智障患者。当面对来临的爱情时，女人总是在不知不觉中失去自我。但现代社会，聪明的女人，你一定要明白，光有爱还不够，一定还要掌握婚恋中的交际心理，会经营自己的爱情与婚姻，才能让自己爱得明白、幸福！

别害羞，新时代女人有爱就要说出口

从人的内心角度看，人们都希望自己爱的人主动对自己表达，并认为只有这样，才能把握爱情中的主动权；而如果我们一味地坚持所谓的矜持，那么，只能白白让爱蹉跎，甚至离自己而去。

任何一个女人都渴望得到爱。人们常说，爱情是女人最好的化妆品，是生活最强大的动力来源。在现代社会，即使是那些外表强硬的“女强人”，她们也渴望获得一段童话般的爱情，也都希望找到一个疼爱自己、呵护自己的另一半。开心时陪她笑，不开心时逗她笑；想哭时让她哭，懂得安慰她并且给她一个宽厚的肩膀让她依靠。需要他的时候可以随时出现在她身边陪伴她……总之，女人对于爱情是没有免疫力的。然而，在爱情的世界里，很多女人都显得太过矜持，她们总希望男人主动发出爱的信号；总认为女人主动表达爱是一件没面子的事；总认为一旦自己主动了就失去了主动权。就在这一套没有任何事实依据的爱情理论面前，很多女人左右观望、左等右盼，最终的结果是让爱人离自己远去。事实上，在幸福面前，无论性别，我们每个人都应该大胆点、勇敢点，大胆地说出内心的感受，只有这样，才不会留下遗憾。我们先来看这样一个爱情故事。

小风和小夏是一对人人羡慕的情侣。谈起他们的相识和相爱，还有一段曲折离奇的故事。

小风当时在北京的一家公司上班。小夏正是因为面试才认识小风的。

虽然面试没有成功，但却和小风成了好朋友。你来我往间，情愫渐生。

小夏毕业后，小风已经不在北京上班了，而此时的小夏也没有在北京找工作的打算。后来，通过联系才得知，小风居然去了自己老家的一家公司。于是，小夏头脑一热，也回去了，见面成了自然而然的事情。

第一次正式约会那天非常热，小夏的方位感很差，直到上完大学，仍然只知道左右而不了解东南西北，通着电话，却彼此找不到对方。在相约见面的地方迂回了1个小时后，终于胜利会师。但是此时小夏已经晕头转向、气急攻心并且有严重的中暑倾向。见到小风以后，也不管是不是第一次约会，也顾不得什么矜持不矜持的了，她对小风说："我快休克了，英雄能不能先借我肩膀用一下。"小风先是愣了一下，然后扶着小夏走进一家快餐店解暑。

从此以后，王子和公主开始了幸福的生活。过了很长时间，小风很纳闷地问为什么第一次见面就借肩膀。小夏告诉他："当你还距离我150米的时候，我已经快晕倒了，当时看的武侠小说比较多，所以顺口就说出来了，幸亏你没有被我吓跑。"

这个故事中，我们发现，小夏就是一个敢于大胆主动追求爱情的女孩。毕业以后的她，为了自己的爱人，主动来到小风生活的城市。并且，在约会时，她也是大大咧咧，直接表达了自己的感受，她的一番幽默的话，体现了她的大方，让她赢得了爱情。

的确，一般来说，在恋爱初期，一般都是男人主动发出求爱攻势，女人选择接受或者不接受。然而，并不是所有男人都是大胆的，有些男人比女人更羞怯。也有一些男人性格豪放但同时也很粗心，他们根本不懂得猜女人的心思，你一味地矜持只会让他觉得你并未中意于他，最终他们很可能因为你的态度而放弃这段感情。因此，新时代的女人们，如果你想获得幸福，不妨放下所谓的女孩要矜持的理论吧，有爱就说出口吧。

的确，处于新时代的每一个女人，早已走出了家庭，和男人一样享受着高等教育，和男人一样驰骋于职场，也同样为社会作出了很大贡献。那

么，在爱情观上，你为什么不可以改变一下呢？新时代的女性就要敢爱敢恨，属于你的爱情，就要勇敢地追求。当他日你与爱人一起偎依在夕阳下的时候，也许你会发现，正是你当初的那脑子一热，才让你没有错失一份美好的爱情！

心理小贴士

在爱情的世界里，我们每一个人，都要遵循自己内心的想法，对于自己爱的人，一定要大胆地告诉对方："我爱你！"

女人也需要付出才能收获爱情

世间任何情感都是互相的，要得到就需要付出，爱情也是如此，它经不起任何透支。因此，你若想获得爱情，就必须要学会主动付出。

爱情应该是一种很美妙的东西，因此才会有那么多人不断地向往与追求。爱情也应该是人世间最美好的一种情感，所以才会让人品味到一种难以言明的幸福。爱情应该有超强的磁力，所以人们不惜耗尽一生的精力去追求一种至纯至美的爱情。任何一个女人，都渴望能收获一份美好的爱情。但女人一定要明白，光有爱还不够，爱情还需要我们悉心的呵护与付出。不懂得付出爱的女人，同样收获不到爱。

我们先来看下面一段爱情故事吧。

她是个很普通的女孩，长相普通、成绩普通、家庭环境普通，而他是个优秀的大学生。他周围总是围着一群女孩。认识他时，她才上高中，但她暗暗下决心，一定要努力，一定要让自己足够优秀，才能配得上他。

那时候，他根本不喜欢她，他觉得她根本不是自己喜欢的类型。但她说："只要我爱你就行。"她拼命读书，终于，她考上了同一所大学，她有更多的机会接触他了。每天，她都会把早饭送到他宿舍楼下，看着他吃完早饭，她才安心地去上课。一到周末，她就抱起书本去图书馆占两个位子，和他一起学习是最开心的事……后来，他考上了医学某专业的研究生；而她，也找到了自己的目标，她要成为一名最优秀的护士。毕业前，她顺利拿到了护士资格证书。

在她的毕业典礼上，他来了，他给了她一个大大的拥抱，并告诉她："你是好样的。"那次以后，他们恋爱了，她高兴极了。六年了，她终于看到了自己努力的成果。

也许很多女人会说，这个女孩太幸福了，终于让爱人接受了自己。然而，我们更应该看到的是她的付出。如果她没有努力读书，没有对爱人无私的付出，她会"守得云开见月明吗"？当然不会。可是，让人久久思量的是，有多少人真像故事中的这个女孩一样懂得为爱奋不顾身呢？

总之，女人你要明白，爱情是需要争取的、付出的，爱上一个人；只要一分钟，忘记一个人却需要一辈子，就像一句歌词"有多少爱可以重来，有多少人值得等待？当懂得珍惜以后回来，会不会还在……"不免有些凄凉。一生当中也许会遇到很多爱你的人和你爱的人。但无论怎样，遇到了你生命里的爱人，就要懂得珍惜。任何一段感情，都经不住你源源不断的索取，所以，我们也要学会为爱情付出。

那么，作为女人，我们该怎样为爱付出呢？

1. 多理解，多包容

那些聪明的女人，无论是在爱情还是婚姻中，都能在平淡的生活中寻找到那份惬意、那份关爱。她们明白，理解与包容就是对爱情的最大的付出，也因此少了许多"无理"要求。她的理解和认同使她女人味十足，也

更能赢得爱人的疼爱和尊重。

2. 做爱人的左膀右臂

千里姻缘一线牵，两人在世间相遇乃是天作之合。妻子没有丈夫的支撑像鱼儿离了水；丈夫失去妻子的辅助像瓜儿断了秧，两者之间的关系是相辅相成、密不可分的。当然，做爱人的左膀右臂，不仅仅是在事业上，还应该做到相夫教子。尤其在教儿育女方面，儿女与母亲接触时间最长，母亲就是孩子的良师益友，母亲的一举一动都会对儿女的一生产生深远的影响，比如许多著名的作家都是从小深受母亲的熏陶，笔尖下流淌出了许多对母亲的颂赞。

所以，作为女人，一定要和丈夫同心同意，系牢同心结，两人都为家业尽心尽力，夫唱妇随，用毕生的精力去劳动，去实践，你会拥有幸福的婚姻！

3. 在平淡的爱情与婚姻中加点“蜜”

对职业女性来说，最困难的是平衡家庭和工作之间的矛盾。很多时候职业女性就像一个不够娴熟的“挑夫”，一头挑着工作，一头挑着家庭，为掌握它们之间的平衡而心力交瘁……但再忙再急，也不要忽视了你的爱人，忽视了幸福的婚姻才是家庭和睦的基础。为此，你不妨偶尔请爱人看场电影、吃顿自助餐，写封情书，或者偶尔放下工作，带着爱人来一次“私奔”行动……这些，都会让你的爱人感激不已！

心理小贴士

可能在中国传统女性的观念里，女人就应该是被呵护的对象。但你忽视了一点，想要感情长久，只靠单方面的付出和努力是远远不够的，感情是相互的，你不付出怎么会有所收获呢？

若即若离，保留一点小神秘

男人天生就有很强的好奇心，越不了解的事情就会给人一种神秘感，而神秘感就是一种吸引力。在男人眼里，有神秘感的女人充满诱惑力，其诱惑力就在于女人的莫名其妙、难以驾驭。男人追求具有神秘感的女人，费尽心思而不觉辛苦，相反会觉得其乐无穷。

很多女人都有这样的感觉，男人在和女人热恋的时候，穷追不舍，一旦追到手，就没有以前那样爱你了，这是为什么呢？这是因为你在男人心里已不再神秘，他对你失去了探寻的欲望。因此，不要将自己的一切百分百地袒露给男人，一个人如果吃得太饱是会厌食的。

作为女人，我们需要爱，它是心灵最好的滋养品，生活最强大的动力来源。在很多女人看来，爱情是美好的，爱就应该与自己爱的人朝夕相处、时刻不分离。但实际上，她们发现，等到时间久了以后，那曾经对爱人的不舍和思念都变成了琐碎的生活，甜蜜的爱情早已不存在；曾经风情万种、温柔似水的女人变成了唠唠叨叨的女人，甚至“河东狮吼”；那曾经充满阳光的男孩也变成了散发着汗臭味的、不思进取的男人，直至让人无法忍受。很多女人失望了、迷茫了，这就是我要的爱情吗？爱情为什么会变得这么俗不可耐？是我们误解了爱情还是爱情欺骗了我们呢？其实这并不是爱情的错误，这种落差来源于我们对爱情的误解。作为女人，你要知道，爱情也需要距离和保鲜，放开他并不是失去他。

网恋为什么会让很多人沉迷？就是因为虚幻、神秘。做女人一定要保持自己的神秘感。男人喜欢有神秘感的女人，这和男人的天性有关。在男人面前，女人要永远保持一点神秘感，女人的神秘感会令男人神魂颠倒，不弃不舍。

什么是神秘感呢？所谓神秘感，是指男女间的性别差异（包括生理和心理）而产生的新鲜奇特、深奥莫测等体验。它在整个恋爱乃至婚后生活中，都起着一种至关重要的作用。男人始终愿意保留着对女人的好奇心，他们喜欢女人的那种神秘感。

结婚后，夫妻天天生活在一起，每天重复着同样的事情，没有一点激情，久而久之，男人会产生乏味的感觉。而适当的小别，会产生一点空间上的距离，反而会找到热恋时的感觉。

世界上最远的距离不是我在你身边，你却不知道我爱你；而是两个明明相爱的人，却不能在一起长相厮守。究竟我们之间的距离有多远？往往是，太近的距离，少了点神秘；太远的距离，又容易相忘。那么在情感的道路上我们应该保持怎样的距离才算完美呢？以下十条仅供参考。

1. 永远不说多爱你

卡斯特罗有句真知灼见：女人永远不要让男人知道她爱他，他会因此而自大。

2. 一天只打一通电话

在对方意犹未尽时先挂断，保持适度神秘感。

3. 一颗平常心

很少有人一生只爱一次，十有八九的恋爱以分手告终，要以平常心看待欢聚与别离。没有了谁，日子还得往下过。好聚好散，千万别“一哭二闹三上吊”，这只会使自己变得很可怜。

4. 迁就太多就成了懦弱

谁也不欠谁的，爱他是他的福气。在恋爱中两个人都是主角，要有自己的主见，懂得适当拒绝。

5. 给他一点牵挂

人离得太近了，缺点就会放大，优点就会缩小。有一点距离，有一点隐私，有一点秘密，是聪明女人的选择。自古就有“小别胜新婚”的说法，互相分离一段时间，彼此给对方一个相互冷静下来审视的机会。当思念的线越牵越长，被琐事磨砺的坚硬的心也才会越来越温柔。

6. 不要逼婚

太爱一个人就会想要天长地久，这时候就渴望起世俗婚姻了。可能会一个劲在男友面前提婚纱啊买房啊，并把结婚的渴望明明白白挂在脸上。如果对方想结婚不用你暗示也会去买戒指，反之你的渴望会吓跑他。

7. 不要天天厮守

爱情的生命力是有限的，要让爱情寿命长一点就要保持一个适当的距离。

8. 对方永远只是一部分

要有自己的社交圈子，别一结婚就原地蒸发，和所有朋友都断了往来，这只会让你的生活越来越狭窄。

为什么这样说呢？这是因为如果婚后失去了以往的朋友，那就意味着失去了自己的世界。对朋友的疏远和对丈夫的过分依恋，非但不能把老公的心拴住，还会引起他的厌倦。

9. 保持特有的性感神秘

一些女人认为，结了婚就融为一体了，就不需要像恋爱时那样刻意打扮自己了。她们毫无顾忌地在丈夫面前袒露身体，不仅没有了那曾使男人为之心动的娇羞，还变得不修边幅。事实上，男人往往会在这种赤裸裸的“坦白”中失去兴趣。

10. 女人要为自己的神秘感填充新的内容

在男人看来，神秘感并不是每天更换不同的装扮，而是一种内在的知识和涵养的更新。一个徒有外表的女人，也只能让男人产生一时的感觉上的新鲜感。一旦与男人相处久了，他就会发现你的思想浅薄、知识贫乏，便很快失去兴趣。

心理小贴士

爱情是一种高贵的精神上的消费品，当然需要保鲜，而这种保鲜剂恰恰是我们忽视了的距离。幸福的女人并不一定是整日和自己所爱的人耳鬓厮磨在一起，而是听到爱人归家的脚步声时的那份温柔渴盼和一种发自心底的爱意涌动！

贴心一点，不要总问男人为什么

在爱情和婚姻里，男女之间互相信任，不分彼此是亲密关系的体现。但聪明的女人是不会追问男人某些问题的，因为这是一种对他的信任，他会感激你的善解人意。

我们都知道，自从2009年春晚后，“为什么呢”成为当时的流行语。直到现在，在我们周围，依然随时都能听到这句话。“为什么呢？”确实比过去多了起来，特别是一些女性开口闭口就是“为什么呢？”如果在工作上爱问“为什么呢？”，当然对工作进步有好处；麻烦的是女人不管什么问题，都要问男人个为什么?

自然，一般真正聪明的女人都是贴心的、善解人意的，不会平白无故犯低级错误。但我们的生活中，也有这样一些女人，她们明知道一些问题是男人难以回答的，还非要问为什么。要知道，有时候，男人不想回答，是因为他有难以启齿的苦衷，你又何必苦苦相逼呢?

吴女士有个幸福的家庭。这些年，她经营自己的服装店，丈夫开了一家工厂，全家日子过得红红火火，吴女士手上也存了不少的私房钱。但她对丈夫的事业从不过问，第一，她不懂丈夫那行；第二，她充分信任丈夫。

这天，恰逢她和丈夫结婚十周年，她早早地关了店门，买了蛋糕，买了菜，回家做了满满一桌子菜，等待丈夫早点回来，她特地没有提醒丈夫今天这个特殊的日子，因为她知道丈夫一定记得，每年这天，她都会收到丈夫的玫瑰花。

时间一分一分地过去，丈夫并没有回来。她看着手机，等待丈夫的电话，但也一直未等到。到了十二点多，当她准备收拾饭菜时，门开了，丈夫推门进来了，不，这分明是一个醉汉！出了什么事？平时那个意气风发的丈夫怎么喝了这么多酒？吴女士揣测着，但她并没有问。

“老婆，对不起，我记得今天的日子，但我心情实在不好，对不起……”

“没事的，明年再过也行啊。”她安慰丈夫道，她知道这个男人肯定遇到了什么难过去的坎儿，她等待着丈夫自己说。

“老婆，你能不能先把你的五十万拿给我……”五十万？这是笔不小的数字，吴女士这么多年的存款！但吴女士明白，丈夫是个要强的人，从没在自己这里拿过一分钱，他既然开口，肯定是不得已的。因此，她赶紧说：“当然可以，我们是夫妻，这么多年了，还说这么见外的话。”

当她把银行卡拿给丈夫的时候，丈夫一把抱住了她。他很庆幸，自己娶了个好女人。

一个星期后，丈夫把那张卡拿给她：“老婆，谢谢你，现在这些钱还给你。”她倒也不客气，收下了这笔钱。

“你不问问我拿你这些钱去干什么了？”丈夫很好奇。

“我相信你，你跟我开口，肯定遇到了什么难处，我相信你能做到，你看，今天我的愿望不是达到了吗？”

“看来，我们彼此都没找错人，哈哈……前几天，工厂副总拿着公司的钱走了，我到处筹钱，就差五十万，当时想到了你……”

我们发现，故事中的吴女士就是个贴心的、善解人意的女人。在丈夫向自己求助的时候，他并没有追问丈夫拿钱的原因。因为她明白，丈夫必定有不愿意说出来的原因——一个男人，事业出现问题，是不愿意告诉妻子的，这是一种失败的体现。

可能现实生活中的很多妻子，却并不能体会男人的心情，她们似乎总是在发挥自己的口才，喋喋不休地问男人为什么。然而，你想过没？既然他不愿意告诉你，必然是有其苦衷的，那么，何不尊重他呢？

那么，哪些问题是男人不愿意回答的呢？具体来说，可以归结为以下几类。

1. 不要问男人曾经的恋情

对男人来说，过去的恋情就如同身上的伤痛，每被提及，就会痛一次。那么，你又何必去揭这层伤疤呢？

2. 不要在男人求助时问为什么

偶尔，男人会身体不舒服，他躺在沙发上看电视，但作为妻子的你却看不惯。于是，你会说："一个大男人坐没坐相，躺没躺相像什么样子。"男人告诉你，让你给他倒杯水，但你却心里不痛快，不情愿："你没长手啊，为什么要我给你倒。"其实，你并不知道男人生病了。你觉得一个男人生病了应该躺在床上，而不是懒散地躺在沙发上。但无论如何，如果你给他递上了一杯水，他的心里必定是温暖的。

而相反，你的这句话会让他觉得：我为了这个家如何如何，这么一想，气不打一处来，数落女人的可能性很大。在气头上的女人，如何能够接受，必然要起一场不小的战争。

3. 不要问男人为什么总是无法升迁、加薪

生活中，这样的女人并不少见，他们将自己的命运寄托在男人身上，所谓"夫荣妻贵"。此外，为了满足她们的虚荣心和依赖性，她们不惜给丈夫施加各种压力。当然，鼓励丈夫发愤图强并没有错，但是如果不根据实际情况，制造压力，可能会适得其反。一句话，逼夫成龙的

女人太愚蠢。

生活中的女人们，想一想，你是否曾将这些话脱口而出呢？记住，如果在不恰当的时间提出这样的问题，会影响到两人的关系。所以“谨言慎行”也是女人的一种智慧。

心理小贴士

男人最怕女人入侵他们的脑袋，他又不想让你生气，所以回答也不是，不回答也不是。面对他的尴尬，你会觉得自己在自讨没趣，所以还是让他去梦想吧。

信任男人，爱情与婚姻里最忌猜疑

“爱”这个字眼是阳光的，而在一个充满了猜忌的环境里，爱会消失殆尽；而在一个相互尊重、接纳、诚恳的环境里，爱会茁壮成长。

女人们，当你披上婚纱，被一个男人牵着手走进结婚礼堂的那一刻，你就要把自己那些所有关于爱情的美好憧憬收藏起来。不是说你们的爱已经终结，而是你们的爱才刚刚开始。这种刚刚开始的爱更多需要你的尊重理解、宽容和珍惜，因为所有的感情都禁不起猜疑。

生活中，我们常提到“信任”一词，可以说，信任是夫妻之间感情存在的基础。一对恋人由恋爱进入婚姻的殿堂，主要原因之一就是互相信任，并愿意把下半生的幸福交给对方。任何一个男人，都希望自己的妻子

能够充分信任自己。猜忌是婚姻的最大杀手，而事实上，猜忌也是婚姻中的女人的通病。在我们的身边，我们似乎总是看到这样一些看似“精明”的妻子，她们翻看丈夫的公文包，探询丈夫的行踪，查阅丈夫的手机信息，试图为自己的猜想找到蛛丝马迹，结果往往酿出一场场家庭悲剧。

小李和丈夫小张大学时候就开始恋爱了，毕业以后，两人顺利步入了婚姻的殿堂。可以说，他们是周围同事、同学、朋友羡慕的模范夫妻。小张是个体贴的男人。在学校的时候，他就一直充当着大哥哥的角色照顾小李，而且无微不至。而小李则像一只温柔可爱的小鸟，总是偎依在小张的身旁。

婚后，小张提出自己创业，并要努力为妻子换个大房子。于是，他们便把几年存下的积蓄拿出来，开了自己的公司。从此，小张起早贪黑地工作，常常应酬到半夜才回家，然后倒头就睡；偶尔早回家，也是埋头查资料、写方案。

小李变得孤独了，刚开始，她总是在丈夫身边，希望丈夫和自己说说话。但丈夫太忙了，他期盼着成功，期盼着为妻子奉献高品质的生活。然而，小李对丈夫并不理解。她常问：“你总和什么人在一起？”“孙总、李小姐……”丈夫回答。

但她并不信任丈夫，“他支支吾吾的，肯定有什么秘密”。想到这一点，她便想到一个很好的主意。这天，等丈夫下班后，她悄悄打开了书房的保险柜。果然，她发现里面居然有一瓶男士香水。于是，小李变得抓狂了，肯定是哪个女人送的！

晚上等小张回来后，小李开始咆哮起来：“你在外面是不是找了狐狸精了？”

“你说的什么话？”

“那你告诉我，那瓶香水是怎么回事？”

“你开我的保险柜了？”小张说到这里，已经开始生气了。

“是啊，你先告诉我，香水是哪个女人送的？”

“你太过分了，你知道什么叫隐私吗？你大学是不是白读了？”小张已经很生气了。对于香水的事，他也不想解释了。他什么也不说，就拿起报纸走到另一个房间。

这件事情以后，他们说得话更少了。五年后，他们如愿以偿，取得了阶段性成果，事业小有成功，可以实现买房计划了。妻子提出买两套小房子，而不是计划中的大房子。虽然他们之间并没有第三者，但两人的婚姻已经走到了尽头。离婚的时候，小张告诉妻子，其实那瓶香水只是一个同事出国的时候，给自己买的一个纪念品。

有人说，猜疑原本就是幸福婚姻生活的最大杀手，有多少甜蜜的爱人之间正是因为猜疑而分道扬镳。的确，故事中的小李就是为了满足自己的好奇心而翻看了丈夫的私密物件。即使这一物件并没有特殊意义，但却是对夫妻双方之间信任的一种亵渎，小张之所以生气，也就是因为这一原因。

“杯弓蛇影”、“草木皆兵”都是表达心理作怪的经典故事。作为妻子，你也要注意不要全都解剖了彼此的心灵，那样的话只会留下情感的僵尸！可是谁都想要灵与肉完美的爱人而不要僵尸。

的确，我们不能否认的是，女人的猜疑心、控制欲是与生俱来的，在现代婚姻中表现得更加明显。尤其是现代社会，家外“花花草草”的诱惑真的很多，妻子更是防不胜防，管不胜管。假如妻子因缺乏自信而心生多疑，因担心丈夫去“采摘路边的野花”而处处设防，从而就干脆通过一些私人物品来捕风捉影，那么，只能激怒对方。婚姻中，爱需要自由的空间，再长久的婚姻都禁不住质疑，婚姻一旦产生信任危机，便岌岌可危了。

心理小贴士

女人都是感性的、缺乏安全感的。但爱情与婚姻，不仅仅是一种爱，还是一种学问。你若想珍惜爱，首先要学会的就是信任，少点猜疑，多点信任，爱才会有足够的空间茁壮成长！

爱不是网，要给对方自由的空气

在婚恋中，我们任何人都应懂得“空间”的重要性。作为女人，对男人保持若即若离，用一点空间来稳固对方的爱意，彼此间有一点距离的张力，便能营造出一种朦胧之美，它能将两人的心拴得更紧。

人与人在相处的最初，总会保持一定的小心翼翼，熟稔开了便会不再拘谨，处久了难免会有磕磕碰碰。似乎有个说法叫：因不了解而在一起，因了解而分手。大抵有这么个意味。同样，婚恋中，爱人之间，也是如此，距离产生美。然而，生活中，却有很多这样的妻子，她们在为子女扮演母亲这一角色的同时，也在无意中把男人当成了自己的孩子。她们希望二十四小时知晓男人的行踪，并对男人周遭的事情一件也不放过。事实上，她们没有意识到的是，男人也需要空间，不给对方自由的空气，只会让彼此窒息。

因此，聪明的女人，你一定要明白一点，你与男人的关系应该是独立的；对男人无时无刻的管制只会起到反作用；你需要做的是放手，给男人自己的空间。我们先来看下面一个情感故事。

老王是某单位的员工，他有一位品貌俱佳的妻子。她是个很优秀的女人，在单位，她是先进工作者，是骨干；在家，她将丈夫和孩子的生活安排得妥妥当当，她从不让丈夫插手任何一件家务事，无论是买菜做饭，还是洗衣拖地，她全都包了。结婚十年以来，她勤勤恳恳地照顾老王和操持着家里的一切。

在单位，当大家一提到自己的妻子时，大家都对老王投来羡慕的目光。但老王总觉得自己的妻子和别人的妻子有天壤之别。结婚第十年，老王居然与他的贤妻离婚了。据说单位和亲朋好友调解多次，妻子也不解地问他“哪点对不住你”，但他铁了心，坚持离她而去。很多同事曾直截了当地问他是否另有新欢，是不是喜新厌旧，他只是说：“过腻了，这样活着，吊不起胃口。”

生活中，可能很多妻子都和故事中老王的妻子一样勤勤恳恳地为家庭操劳，对丈夫无微不至地照顾，所以她们对老王夫妻俩的婚姻结局也会产生疑问：到底哪里出了问题？从老王的话中，我们大致能了解到男人们内心的想法，他们需要的是一位妻子，而不是一位母亲。朝夕相伴，无私奉献，爱情之火也不一定就能持久地燃烧。

其实，男人也需要自己的空间，他有自己的交际圈和朋友。刚开始你的责问在他看来可能是关心，但时间久了就有相互不信任的嫌疑，难免会对彼此的感情产生影响。事实上，夫妻双方，是没有义务向对方报告自己的行踪的。可能你会说，我的那位就不生气，我问他就会老老实实地回答。但实际上，这未必是好事，他不生气是他让着你，或者不屑与你争吵，当有一天他真的累了的时候，他就不会再让着你。

那么，具体说来，在婚姻生活中，我们该从哪些方面着手呢?

1. 允许他有自己的爱好，最好能附和、认同他

一个妻子在与自己闺蜜谈心时聊道：“有一个星期天，丈夫在在电脑上围棋，我在拖地，拖到电脑桌那里，我让他挪挪脚，但他却显得很为难，嘴里嘟囔着：‘别动，别动，我马上就要赢了。’因为他下棋从没赢过，这次眼看就要赢了，我也不想扫他的兴，就二话没说，放下拖把就凑过去看，还和他一起计算最后的一步一着。

经过一番激烈的厮杀后，他果真赢了。那一刻，他高兴地吻了我。接下来，从不干家务的他居然和我一起拖地、帮我换水，还在网上给我买了一件我一直舍不得买的裙子——我只在他感兴趣的事上附和了他一下，他竟然会这么喜出望外。那晚，看着熟睡在旁边的老公，我心想，如果下午我硬是让他挪位子而让他输了棋，或许就没有这样一个浪漫的夜晚了。”

案例中的这位妻子就是聪明的。任何一个男人，都有自己的一点兴趣爱好。作为妻子的，如果你能放下手中的家务活，和丈夫一起聊聊它，那么，丈夫一定认为你不仅是一个好妻子，还是一个知心人，对你就更疼爱

有加了。

2. 关心要适度

可能你认为，你经常给丈夫打电话是关心他，但你想过没？也许他正在开会、正在思索一个方案，正在向领导汇报工作，那么你的关心是不是起了反作用呢？聪明的女人会懂得把握关心的频率。如果你的丈夫要加班，那么夜深人静时，你可以为他端上一杯热茶，但不要发出声音。

心理小贴士

人的精神世界是一块自由的园土，需要相对的独立。每个人都需要一些空间，不只是物理的空间，还有心灵的空间。没有这个空间，爱情就不能自由成长。

温柔的女人最动人

任何一个男人，都希望自己的妻子不仅能干，还要温柔。因为男人都喜欢征服，从而显示自己男性的魅力。做温柔的女人，你就不能"河东狮吼"，而是要关心、体贴他，给他足够的空间和时间。他会静下心来，思考自己的方法是否可行，他会变得逐渐理智和睿智起来。

几千年来，中国男人都对温柔的女人情有独钟。温柔是发自内心的女人味，散发出来，到了极致，就可以有化指为柔的魅力。温柔的女人心思敏捷，玲珑剔透，知冷知热，知轻知重，善解人意，恰到好处；温柔的女人，是微笑天使，爱心大使，所到之处，抚慰心灵，平复创伤。

我们先来看看下面的故事。

小雪是一名中学教师，平时生活比较有规律，下了班就回家做饭、照顾父母。和她不同的是，丈夫因为自己经营了一家公司，需要在客户和供应商之间周旋，常常应酬到深夜才回家。对此，小雪从没有怪丈夫不早点儿回家陪自己，而只是担心丈夫的身体。她知道，若丈夫长此以往下去，那么可能人到中年会有一些存款，但他的身体肯定也垮了。

这天晚上，又到十二点多了，小雪还在等丈夫回来，锅里的小米粥热了一遍又一遍。终于，她清晰地听到楼下汽车的声音，她马上出去开门。果然，丈夫东倒西歪地走了过来。小雪气急了，对丈夫说："你有本事就别回来了！"

"你这是什么话，我辛辛苦苦在外面赚钱养家，你怎么这么说？"

小雪一听，知道自己话说重了，但她是在担心丈夫。于是，她又说："老公，你知道吗？嫁给你已经好几年了，我很幸福，但随着你现在事业越做越大，我担心的就越来越多。尤其是你每天应酬，你的胃经常痛，你的健康状况也越来越差，你是家里的顶梁柱，千万要照顾好自己的身体。"

听完妻子的话，原本还不清醒的丈夫顿时眼眶湿润了，他一把搂住小雪，对小雪说："老婆，对不起，让你担心了，以后能不去应酬，我尽量推辞，你放心吧。"

小雪用力地点了点头。

生活中，可能很多妻子都遇到过这样的情况，你们是怎么做的呢？案例中的妻子小雪的做法是正确而有效的。面对应酬到半夜才回家的丈夫，她并没有多加责怪，而是从关心的角度，对丈夫说了一番动情的话，展现了自己的温柔，让丈夫认识到妻子对自己的关心和担心。于是，一场眼看即将开始的争吵就这样在一片温馨的氛围中息止了。

那么，日常生活中，聪明的女人们，该如何向男人展现自己的温柔呢？

1. 多读书，培养自己的温柔气质

我们发现，那些明事理的女人一般说话时都能言之有理，并且有让人记忆深刻、回味无穷的气质。而这种气质，并不是一朝一夕能获得的，它需要岁月的浸染、学问的充实和修养的支撑方可逐步培养起来。所以，聪明、美丽的女人一般都爱读书，读好书；而爱读书的女人亦会变得像一本好书那样经久耐看。

2. 展现你的需要

照顾好男人被认为是女人的本分，那些能干的女人通常能同时将子女、父母、自身及男人的生活打理得井井有条。这样，男人在经历了一段时间这样的生活后，便很容易产生抱怨情绪。其实，你不妨想想，一个男人，当他觉得连个搬桶水这样的小事都不需要自己做时，他还会觉得这个女人需要他吗？失去了“被需要”的感觉，男人就缺乏成就感，他必须另外寻找一个需要他的女人来帮助他长大。

3. 学会示弱，给男人一些发挥的空间

女人能干固然很好，但太能干会显得男人的无能。因此，即使你在阅历与能力上都高于男人，也不要对男人的行为和思想太过束缚。你可以提一些建议，但大主意还是要他自己拿。即便错了，也无所谓。几番下来，他也会知道自己错在哪里。此处，如果你能再发挥赞扬的作用，那么他一定会受到鼓舞，变得更加自信，工作起来起码不会被家庭所累，能够全身心投入到他的事业当中。

相反，如果你喜欢“事必躬亲”，好像男人没有你就活不下去，不给男人一定的空间，那好多事情一定会适得其反，影响他的心情和工作情绪。其实在家庭里，女人是要做出一定牺牲的，因为我们不得不承认一点，这个社会中，冲在前面的多半还是男人，他们在累了的时候，也需要有个温柔的怀抱迎接自己。

心理小贴士

善于低头的女人是厉害的女人，越是强悍的女人，示弱的威力越大。男人的天性中有种保护欲，同情弱者，怜香惜玉。“最是那一低头的温柔，像一朵水莲花不胜凉风的娇羞。”女人的微笑、娇羞和眼泪，绝对是令男人怜惜到肝儿颤的法宝。

看穿不说穿，男人都要面子

男人最怕没面子。面子就像一把无形的枷锁套住了男人的脖子。为了面子，男人什么苦都可以吃，什么罪都可以受，什么都能为之付出！你若懂得给自己的男人留足面子，那么你自己同样会享受到其中的成果，他会更尊重你，更珍惜你。

细腻、温柔是女人的天性。女人的这些特质，是体现在各个方面，渗透在各种细节里的，比如她们对男人无微不至的关心、对家庭无私的奉献。然而，女人又是粗心的，比如平时看似不经意的话语，日积月累，只会伤害了别人也伤害了自己。而这些伤害性的话语，多半是和男人的面子有关的。很多时候，当男人在公共场合侃侃而谈、发表自己见解的时候，作为妻子的你，却无意识中发现丈夫的观点存在问题，你是如何做的？当丈夫向你炫耀在单位人缘是如何好，但就在刚才你还听到他同事对他的抱怨？此时的你，又是如何做的？

面对这些，聪明的女人往往会选择装糊涂的方式，她们会看穿不说穿。因为她们深知，男人是爱面子的，装装糊涂，让男人保住面子，远比

那些甜言蜜语来得更重要。

从前有个笑话，说有个男人是“妻管严”，在家为了讨妻子高兴，在纸牌上写了3个大字——“怕太太”，每天回到家里就挂在脖子上。有一天，家里来了客人，他竟忘了摘下，被客人看见了，惊问怎么回事。这位老兄当时只好说：“我老婆怕我呗，我为了让她知道这一点，就让她天天看着念‘太太怕。’”

而在这时，妻子正好推门而入，听到了丈夫的话。此时，这位先生窘得满脸通红，不知道如何往下说。此时的妻子赶紧说：“老公，你把咱家这点丑事都抖搂出去了，我多没面子呀！”丈夫一听，松了口气，对妻子投去赞许的目光，而在场的其他人，也对男人竖起了大拇指，一个个取经，问这位先生是怎么做到的。

看完这个故事，你肯定会觉得好笑，但我们不得不佩服故事中的女人的机智。她发现丈夫为了给自己解围，把这三个字倒过来念，这与事实情况完全是不符的。但为了给丈夫面子，她并没有拆穿丈夫，而是配合他把戏演完。面对这样明理的妻子，恐怕这个丈夫每天将“怕太太”的纸牌挂在脖子上都是愿意的。

有人说，男人什么都可以丢，就是不能丢了面子，也有人说男人的面子是女人给的。那么作为女人的你，如果发现男人的言行与实际情况并不相符时，你是否能照顾到男人的面子呢?

当然，给男人面子、看穿不说穿，不是让女人委曲求全，而是在恰当的时间、恰当的场合，给男人体面的自尊。给男人面子，说小了，有助于家庭和睦；说大了，有利于社会稳定发展。

丢掉面子的男人会变得疯狂，或无所顾忌。无论走到哪个极端，其实对家庭来说都是很不幸的。

对此，你需要做到如下四点。

1. 不要当着你的朋友暴露男人的隐私

不要在朋友面前暴露男人的隐私，即使是开玩笑也不行。男人是爱面子的，这些朋友下次可能就会拿着这点隐私开男人的玩笑，那时就不好收场了。

2. 在他人面前，不要随便唠叨和训斥对方

在丈夫的上下级面前，不要随便责怪对方。而在孩子面前，这点更重要。如果互相指责、揭短，就会在孩子面前失去威信。

3. 不要在公共场合挑剔他的言行

如果他的生活细节和礼仪上做得有什么不妥的地方，那么要悄悄地替他圆场，而不是当众指出来甚至当众斥责。

4. 即使他犯了错，也要在可能的范围内宽容他

谁都会犯错，你的丈夫也不是圣人。因此，一般问题，只要无伤大雅，完全可以一笑置之。给他点面子，满足他的虚荣心，像宽恕一个犯错的孩子一样宽恕他，他会觉得你很善解人意。

所以，如果你的丈夫偶尔吹吹牛，就装装傻吧。比如，如果他在你面前吹嘘他曾经陪同某个重要领导人考察，赚过多少钱，你大可不信，但千万不要打击他的“谈兴”，你揭了他的老底就是让他有失“尊严”。有时候，男人宁愿死也不可以没有“尊严”；为了尊严，男人可以和最好的朋友翻脸。当然，男人有时候也可以不要“脸”，目的却是为了以后更“有头有脸”。

的确，男人的面子，就等于男人的自尊与自信。给男人面子，等于给自己留下余地，让自己变得温柔体贴，让他变得阳刚潇洒，快乐也就无时不在。

心理小贴士

聪明的女人应该偶尔装装糊涂，不要总是试图表现自己的精明。因此，即使你发现了男人言行中的某些问题，你不但不能指出来，还要不露声色地认同他。

第十章 女人该出手时就出手——与对手交锋的心理策略

生活中，任何一个女人，都有一个或者几个对手。可能你会为此苦恼。的确，没有对手，也许轻松，但很可能是人生的悲哀。因为，没有对手，说明你不被别人重视，你的价值被贬低，你有可能失去了前进的目标。但在与对手切磋、较量的过程中，切记做事不要急躁、冲动，凭一时之气，过度暴露自己、张扬自己，而应该掌握一定的心理策略，少说话、多做事，保存并提升自己的实力。让对方探不清你的虚实，待时而发，在关键时刻一举取得胜利！

关键时刻显实力，让对手猝不及防

很多人在面对竞争对手时不知所措，有时往往一时求胜心切，反而使得自己方寸大乱。这种时候，在对方面前要学会隐忍，先积累自己的实力，在关键时刻才表现出来，这才是击退对方的最有效方法。

我们都知道，当今社会，处处存在激烈的竞争。任何一个女人，也都有几个对手。与对手较量，难免会产生利益的冲突。此时，那些以大局为重、聪明的女人都绝不会逞一时之勇，与对手斗气，而是先隐忍过去，隐藏实力，到关键时刻才显出自己的实力，从而给对手一个措手不及的一击。

我们不难承认的一点是，女人一般比男人更感性，在面对对手挑衅时，她们更容易产生一些负面情绪。但聪明的你一定要记住，正面迎战，并伺机而动，厚积薄发。的确，尤其是当自己还羽翼未丰时，更要懂得韬光养晦术，这是保存实力、积蓄力量的重要的手段。我们先来看下面一个故事。

从上学起，小王就一直是个很优秀的女孩。毕业以后，她也顺利地进入一家大型外贸公司。刚进这家公司工作，她很努力，这一点让领导和同事们都非常认可。因此，在工作的第一年，公司高层就有想破格提拔她为公司副总的想法。正好，公司副总也因为一些责任问题引咎辞职了。然而，令小王担忧的是，与自己同时进公司的，还有一个叫戴维的男同事。他曾经在法国留过学，过了专业八级，平日里业务做得非常棒，几乎跟小王不相上下。说实话，公司上下也只有他能跟小王一较高下。

小王心里很清楚，要想赢戴维也并不是一件简单的事，既然不能与之拼专业知识和学历、背景，那么就在业务能力上与之较量吧。于是，小王平时工作得更加努力了。

后来，公司高层还是决定在小王和戴维之间选择，公司总经理给他们出了一道题目——看谁能与公司的大客户鲍威尔谈成合作事宜。

这种面对面的谈判，说实话有一定的难度，小王和戴维谁也没有必胜的把握。在比赛前，他们都在积极地做着准备。

抽签的结果，小王先与鲍威尔谈判。

上场后，小王积极向专业化靠拢。在和鲍威尔的谈话中，尽管她的口语不是太好，但是她的业务能力的展现却非常出色，尤其是专业领域的谈判，进行得非常顺利。谈判结束后，鲍威尔竖起了大拇指。

这时候，台下的戴维渐渐坐不住了。小王所说的很多专业名词他根本就不会。虽然他的口语好，但是专业领域的业务接触得很少。等到他上台时，本来信心十足的他，却显得非常狼狈。在与鲍威尔的交谈中，不但专业领域的东西不会，就连他平常拿手的口语交流，也说得结结巴巴。还没等谈判开始，就被鲍威尔赶下了台。

这则案例中，在面对竞争对手时，小王是怎么赢得成功的？她并没有直接与戴维硬碰硬，而是在自己的优势上下功夫，不断努力，提高自己的业务水平。在最终决定胜负时让对手方寸大乱，从而轻松赢得了最终的竞选。

小王的这种聪明的做法在中国古代做人的艺术中，叫作“大智若愚”。它常被演绎为一套内容极其丰富的韬光养晦之术，这也是人际交往中的重要策略。另外，生活中，我们常说“山外有山，人外有人”，要知道，你可能认为自己已经是个很聪明的女人，但或许你没发现，你的那点小本事也许在那些真正的高手面前只不过是小把戏，班门弄斧只会让人笑话。另外，最为重要的是，你锋芒太露，向对手彰显了你的实力，那么便

从某种程度上激励了对手，给我们带来了危机。

另外，任何一个女人，在与对手竞争时，都要学会在低调中修炼自己，积累自己的实力。这需要你把每件任务当成自己唯一的追求去做，不达目的绝不罢休，调动所有的储备和资源，寻求一切可能的帮助。没有这种锲而不舍的精神，你可能一辈子也做不出什么成就。

当然，我们强调要养精蓄锐，火候未到、锋芒不露，但这并不等同于让你做事畏首畏尾，不敢放手施展抱负。只是凡事都该有个“度”，张扬与内敛之间，就看你如何把握！

心理小贴士

养精蓄锐、懂得蓄势待发无论在官场、商界还是政治军事斗争中都是一种进可攻、退可守，看似平淡、实则高深的处世谋略！

以德报怨，化敌为友

在漫长的人生路途中，你我都难免受到或深或浅的伤害。在伤害面前，如果我们可以试着抛开那些灼伤自己的仇恨，换一颗宽恕之心，学会以德报怨，或许你会发现，你的宽恕会为你带来别样的人生。

一个女人，要想成功立于世，就必须拥有多种智慧：工作中要有解决问题的智慧；人际交往要有营求好人缘的智慧；经商做生意要有抓住商机的智慧，等等。这些智慧对某一方面的成功有着至关重要的影响，甚至不可或缺。但有一种智慧，可能你并没有意识到它的重要性，因为许多人没有它也照样能生活，但一旦拥有了它，就等于为自己的人生插上了翅膀，各个方面都能得到质的提升，这种智慧就叫包容。

“开口便笑，笑古笑今，凡事付之一笑；大肚能容，容天容地，于人何所不容！”这是一座著名庙宇弥勒佛像两边的楹联，说的是佛祖的气度与胸怀，大度与宽容。如果生活中，聪明的女人们，对于你的敌人，如果你能主动伸出和好之手，甚至能以德报怨，那么你一定能做到化敌为友。

苏联著名作家叶夫图申科在《提前撰写的自传》中，讲到过这样一则十分感人的故事：

1944年冬天的一天，在寒冷的莫斯科大街上发生了这样一件事。

这天，天空飘着雪花，但人们却没有在家里烤火，而是纷纷来到了大街上，因为那些曾经伤害过他们的德国战俘今天要受到裁决。人们看着两万德国战俘排成整齐的队伍从莫斯科大街上依次穿过。

当然，为了控制住场面，很多苏军士兵和警察都出动了，在群众和战俘中之间画出了一道警戒线。这些围观者多半是莫斯科及其周围乡村的妇女。她们的儿子、丈夫、父亲都在德军所发动的侵略战争中丧生。她们都是战争最直接的受害者，都对悍然入侵的德寇怀着满腔的仇恨。

因此，当那些德国战俘从她们身边经过时，她们多么希望自己可以冲出警戒线，向他们讨回公道。不过，幸好有苏军士兵和警察的拦截，才维持了现场的秩序。

这些战俘们自然也是心惊胆战，他们也害怕这些妇女会做出什么疯狂的举动来。

就在这时，一个穿着破旧、上了年纪的妇女对警察说，希望自己可以走进警戒线看看这些战俘，经查看她没有什么恶意，便允许了。

于是，她来到了俘虏身边，用长满老茧的手从怀中掏出一个小布包，然后她打开布包，将一块黝黑的面包塞进了一个疲惫不堪的战俘的口袋里。这个年轻俘虏怔怔地看着面前的这位妇女，刹那间已泪流满面、泣不

成声。他扔掉了双拐，“扑通”一声跪倒在地上，给面前这位善良的妇女，重重地磕了几个响头。其他战俘看到此情此景，也纷纷跪了下来，拼命地向围观的妇女磕头。于是，整个人群中愤怒的气氛一下子改变了。妇女们都被眼前的一幕所深深感动，纷纷从四面八方涌向俘虏，把面包、香烟等东西塞给了这些曾经是敌人的战俘。

在故事的结尾，叶夫图申科写了这样一句令人深思的话：“这位善良的妇女，刹那间便用宽容化解了众人心中的仇恨，并把爱与和平播种进了所有人的心田。”

故事中的这位妇女就是一个以德报怨的智者。她用自己的善良换来了曾经杀害自己亲人的敌人的悔恨之心和其他愤怒的受害者家属的同样的宽恕之心。

有时候，你可能也会发现，当你的人生陷入低谷时，真正拉你一把的却正是我们曾经误认为的敌人。因此，化敌为友，你的人生才会变得更宽阔。总之，只要你主动伸出和解之手，化解彼此心中的疙瘩，你可能就会减少一个敌人，而增加一个肝胆相照的好朋友。

因此，女人们，不妨宽容一点吧，主动一点吧，主动去拥抱你的敌人，你的人生境界将会变得更加开阔。具体来说，你应该做到以下几个方面。

1. 用心去宽容别人

这里的宽容，并不是让你毫无原则去一味退让。宽容的前提是对那些可宽容的人或事；宽容的内心是爱。宽容，不是去对付，去虚与委蛇，而是以心对心去包容，去化解。

2. 尝试忘却

宽容就是忘却。人人都有痛苦，都有伤疤，动辄去揭，便添新创，旧痕新伤难愈合。忘记昨日的是非，忘记别人先前对自己的指责和谩骂，时间是良好的止痛剂。学会忘却，生活才有阳光，才有欢乐。

3. 关爱你的敌人

你的关爱也会换来关爱，也会迎来朋友。有朋友的人生路上，才会有关爱和扶持，才不会有寂寞和孤独；有朋友的生活，才会少一点风雨，多一点温暖和阳光。

心理小贴士

最高境界的宽恕，是宽容那些曾经伤害过自己的人。这不是一件容易的事，但是如果你这样做了，就会从中体验到你的富有和强大。

合作双赢好过两败俱伤

人际交往中，我们与对手之间所代表的利益方是不同的，而每个人只有学会求同存异和让步，才能求得一个大家都能满意的结果。

生活中，人们常常提到“双赢”一词，所谓双赢，应用到人际交往中，指的是采取对双方都有利的交际措施，得到他们应该得到和最想得到的东西。举个很简单的例子，大家一起排队坐公交车，如果都争相上车，谁也不让谁，最终结果只能是所有人都堵在车门口；而如果所有人都遵守前后秩序，一个个排队上车，这样，不仅所有人都能坐上车，还为大家节省了时间。

生活中，一些女人在与对手交锋的过程中，为了获得利益，她们始终不肯让步，甚至与对手争论到不可开交的地步。最终，她“获胜”了，但从长远的角度来看，她还是失败了。因为从社交的角度看，那种不懂得双

赢原则的人，最终不会得到任何人的信任与好感。所以，胜利与失败并不是社交活动最好的结果，最好的结果是双赢。正如一句广告词一样："大家好才是真的好！"

因此，聪明的女人们，即使与对手较量，也要学会运用双赢的思维，引导对方看到对双方都有利的合作方式、利益点等，这样，就能得到一个皆大欢喜的结局。

杨鑫是一家油漆公司的销售主管，她所在的公司推出的油漆有环保、无异味的特点，很适合现在家居环保的要求。正是由于这一优点，这家公司的生意一直做得很好。

最近，她联系了一家地产公司的李经理，他们洽谈了许多合作事宜。但是，李经理坚持要降价，这一点让杨鑫很为难，她需要回去和上级领导商量，于是谈判暂时搁置。不久后，杨鑫和李经理再次坐在了谈判桌旁。

"李总，你好！关于您提出降价的条件，我已经与公司上级领导商量过了。我们都觉得，如果您能在贵小区优先替我们旗下的新油漆产品做广告宣传，我们公司愿意以最低的价格与您这样的大客户长期合作。"

"不好意思，我们从不会为住户主动推荐哪种油漆。"

"您误会我的意思了，我们并不是希望您推荐，我们只需要一个安全的宣传环境就行。"

"你们要宣传多久？"

"从开盘开始后的一年内。"

"可以。"

最终，李经理以最低的价格落成了新的楼盘，而杨鑫所在公司旗下的新油漆产品也得到了大力的宣传，销量很好。

案例中，作为谈判方的代表，女主管杨鑫的聪明之处，就是利用了双赢这一原则，让客户和销售员实现了利益互补，交易达成自然水到渠成。

其实，很多时候，与对手较量，我们都应该运用这一思维。社会总是会有竞争，人与人之间也总是利益的不平衡，关键在于我们抱什么样的态度。只要抱着“我好，你好”的双赢态度，按照这个原则去处理人际关系，你将会获得最理想的结果。

为此，每个聪明的女人，都应该学会运用双赢思维。具体说来，你应该做到以下几个方面。

1. 找到双方利益的平衡点

这个利益点，就是双防交流的中心，也是能成功打动对方的前提。当然，这还需要你做出让步，才能达成共识，一味地坚持，只会争得面红耳赤。其次，一定要有长远的眼光。要记住，这次的“妥协”和“退让”只是为赢得信任和下一次的合作彩排而已。

2. 学会站在对方的立场说话

一位成功的推销员这样说道：“当我不去追求自己想得到的东西，而是去帮助别人得到他们想得到的东西时，我在经济上就会获得更多的成功，而在生活中也会有更多的乐趣。”的确，无论是从事推销工作还是参加社交活动，这是强化心理感受、获得心理认同感的重要方面。

3. 学会逻辑演绎，让对方接受“利益点”的变化

人是趋向利益的动物。人与人之间的交际基本上是一种利益交换的过程。这种交换不仅可以指物质上的，更可以指精神上的，比如赞美、声望等，有时候，这更能使对方获得心理上的报偿。

心理小贴士

在与对手较量的过程中，我们要懂得互惠互利，争取双赢，并学会引导对方的想法，以利益为核心，经过层层推进，让对方接受利益的均衡。

遭遇他人挑衅，也要淡定

一个理智、有修养的人，不管遇到什么事情，不管别人如何“挑衅”，都会保持自己优雅的本色和清醒的头脑，会让理智驾驭自己的情绪，体现自己的智者风范。

相信每个女人都应该清楚一点，生活中每个人的思维和行为方式是不一样的。我们不可能让每个人都喜欢我们，甚至总会有一些人对我们的言行不屑一顾。这都是很正常的，我们不应该为此感到生气，更不应该对其进行反击。如果我们做出反击的行为，那将表示我们跟对方都是一样有着无比狭窄的心胸。

所以，聪明的女人，当你遇到他人的挑衅时，不妨学会淡定一点，从容地面对他人的挑衅。

林肯当选总统的那一刻，整个参议院的议员都感到十分尴尬。因为当时美国的参议员大部分都出身望族，他们自以为是上流优越的人，从没想到过所面对的总统竟然是一个出身卑微的人，因为林肯的父亲是一个鞋匠。

当林肯站在讲台的时候，一位态度傲慢的参议员站起来说：“林肯先生，在你开始演讲之前，我希望你记住，你是一个鞋匠的儿子。”顿时，所有参议员都笑了起来，为自己可以羞辱林肯而开怀大笑。这时，林肯不卑不亢地说：“我非常感激你能使我想起我的父亲，他已经过世了，我一定会永远记住你的忠告，我永远是鞋匠的儿子。我知道我做总统永远无法像我父亲做鞋匠做得那么好。”所有的议员陷入了沉默，这时，林肯对那位傲慢的参议员说：“据我所知，我父亲以前也曾经为你的家人做过鞋子，如果你的鞋子不合脚，我可以帮你改正它，虽然我不是伟大的鞋匠，但是我从小就跟父亲学会了做鞋子这门手艺。”

然后，他再一次扫视全场的参议员，说道：“对参议院里的任何人都一样，如果你们穿的那双鞋子是我父亲做的，而它们需要修理或改善，我一定尽可能地帮忙。但是有一件事是可以确定的，我无法像他那么伟大，他的手艺是无人能比的。”说到这里，他流下了眼泪，顿时，全场爆发出热烈的掌声。

对于参议员的挑衅，林肯选择了淡然待之，他只是道出了父亲的伟大，正是这一点，打动了所有在场的议员们。

生活中的女人们，你可能也会遇到来自别人的挑衅，但这并不意味着自己毫无价值可言。别人看轻了自己，没有关系，只要我们自己看重自己就行了。如果别人肆意侮辱，而那些侮辱的言辞是毫无根据的，不要生气，你只需要采取置之不理的态度，淡然面对，这样才会越发体现你超凡的人格魅力。而如果你难以控制自己气愤的情绪，你不妨告诉自己，那些擅长攻击别人、挑衅别人的人，自然是心胸狭隘的小人，又何必跟这样的人一般见识呢？不妨淡然面对，对他人的挑衅一笑置之，这才是最好的反击。因为你已经不在乎了，那对方的挑衅还有什么攻击力量呢？

具体来说，你可以掌握以下几种控制愤怒情绪的方法。

1. 你要先冷却情绪

在气头上，你很容易因冲动而做出一些错事，为此，你首先要做的就是冷静，为自己的情绪降温。具体来说，你可以尝试以下几种方法。

第一，“数数法”。不过这里的数数，并不能按照常规数字顺序，因为这样做并不会启动我们的理性程序，而应该打乱顺序，比如，1、4、7、10……这样一来，你的理性思考能力就可渐渐恢复了。

第二，描述法。比如，你可以这样描述，这个茶杯是黄色的……他穿的毛衣是黑色的……数十至十二项物体的颜色，之后你会发现自己冷静多了。

2. 理智思考，替换非理性的“自发性念头”

你要明白的一点是，真正让你产生不良情绪的，是我们的想法，而不是别人的行为。换句话说，不是发生了什么事，而是我们如何解释事件，才会决定产生的情绪。

例如：你可以告诉自己：“我知道我的能力是极佳的，不会因为你一句话而影响我！”这样自我暗示，愤怒自然就无处可生，而会被其他情绪所替代了。

3. 你可以使用建设性的内心对话

既然想法是导致情绪的主因，容易动怒的人就应该加强内心的想法，准备一些建设性的念头以备不时之需。

例如：

“不论如何，我都要平静地说，慢慢地说”，“我才不会生气，生气就等于暴露了自己”，等等。

当你能熟练应用这些策略时，你就会发现，无论与你交往的人如何激怒你，你都能平心静气地面对，也不会中了对手的圈套。

心理小贴士

在这个世界上，我们永远都不可能赢得所有人的心。对于我们的言行或成绩，总有一些人心怀嫉妒，不怀好意地看着我们，好像等着看我们出丑。越是在这样的情况下，我们的心境越是需要变得淡定。既然他并不是我们的知己朋友，那他的挑衅对我们而言将是毫无意义的。

选择熟悉的环境才会更有优势

当我们与人交涉的时候，选择自己熟悉的地方作为双方谈判和交涉的场所，掌握交涉的主动权，交涉成功的胜算更高一筹。

生活中，可能很少有女人喜欢看世界杯，但如果你留意一下，你会发现，在足球比赛中，主场优势非常大。以世界杯为例，很多国家，就是因为凭借主场优势，才获得了唯一的一次冠军，例如法兰西、英格兰等球队。此外，还有很多国家也有在本土获得冠军的经历，例如意大利、德国、乌拉圭、阿根廷等。再如，以欧洲联赛为例，一支球队主场和客场所获得的积分往往相差很大。究其原因，就是因为主场优势。其实，这个道理同样适用于工作和生活之中。在与对手较量中，女人们，你一定要牢记，只有在熟悉的环境中，我们才会更加占据优势。

因为，从心理学的角度看，对交涉场所熟悉，能给自己以信心，有一种在整个交涉过程处于主人翁地位也就是优势地位的感觉。与此同时，对方也就能听之任之，就被动地接受你安排的交涉内容，这就是一种心理上的占尽先机。

草船借箭的故事就说明了这个道理。

三国时期，曹操率大军想要征服东吴，孙权、刘备联合抗曹。孙权手下有位大将叫周瑜，智勇双全，可是心胸狭窄，很妒忌诸葛亮（字孔明）的才干。因水中交战需要箭，周瑜要诸葛亮在十天内负责赶造十万支箭，哪知诸葛亮只要三天，还愿立下军令状，完不成任务甘受处罚。周瑜想，三天不可能造出十万支箭，正好利用这个机会来除掉诸葛亮。于是，他一面叫工匠们不要把造箭的材料准备齐全；另一方面叫大臣鲁肃去探听诸葛亮的虚实。 鲁肃见了诸葛亮。诸葛亮说：“这件事要请你帮我的忙。希望你能借给我20只船，每只船上30个军士，船要用青布幔子遮起来，还要

一千多个草把子，排在船两边。不过，这事千万不能让周瑜知道。”鲁肃答应了，并按诸葛亮的要求把东西准备齐全。两天过去了，不见一点动静，到第三天四更时候，诸葛亮秘密地请鲁肃一起到船上去，说是一起去取箭。鲁肃很纳闷儿。诸葛亮吩咐把船用绳索连起来向对岸开去。那天江上大雾迷漫，对面都看不见人。当船靠近曹军水寨时，诸葛亮命船一字摆开，叫士兵擂鼓呐喊。曹操以为对方来进攻，又因雾大怕中埋伏，就派六千名弓箭手朝江中放箭，雨点般的箭纷纷射在草把子上。过了一会儿，诸葛亮又命船掉过头来，让另一面受箭。太阳出来了，雾要散了，诸葛亮令船赶紧往回开。这时船的两边草把子上密密麻麻地插满了箭，每只船上至少五、六千支，总共超过了十万支。

船队返营后，共得箭10余万枝，为时不过3天。鲁肃目睹其事，极称诸葛亮为“神人”。诸葛亮对鲁肃讲：自己不仅通天文，识地理，而且也知奇门，晓阴阳。更擅长行军作战中的布阵和兵势，在3天之前已料定必有大雾可以利用。他最后说：“我的性命系之于天，周公瑾岂能害我！”当周瑜得知这一切以后，大惊失色，自叹不如。

诸葛亮草船借箭的成功，得益于他观天象、晓地理，雾中的战场是他预料中的作战情形，自然能运筹帷幄，不费吹灰之力得来曹军所赐的“战利品”，从而让周瑜输得心服口服。

其实，这也就是为什么生活中我们发现，很多人求人办事，会把对方邀请到自己的家中。这也是一种心理优势的显现，而当然，对方就给了一种心理让位，自然，要办之事就能水到渠成了。

社交活动成功的关键是一句话：了解人心、擅长攻心。俗话说“知人知面难知心”，意思是人的外在行为较为容易观测和推断，但人的内在心理就往往就难以把握。

因此，生活中的女人们，如果你与对手较量，那么，你也不妨选择自己熟悉的交涉场所。这样，你就能从心理上打败对方，使你能够迅速地提高说话办事的眼力和心力，掌控人际交往主动权，避免挫折和损失，一步一步地实现自己的社交目的。

心理小贴士

处处占先机是人生和事业成功的永恒法则，社交活动中心理先机也是掌握交际局势的必要条件。当今社会瞬息万变，一步心理上的先机可能关系到你在生活或者事业上的成功与否，选择自己熟悉的社交场所，获得心理优势，你就能运筹帷幄，掌控主动权！

会示弱者才是真正的赢家

在日常交往中，与对手过招，可能很多女人已经习惯于向对方展示我们的强项、长处和优越，总是努力去做个强者，树立自己的强势地位，以压倒对方。但事实上，这样做只会让对方产生“逆反心理”——我要加倍努力，我要证明我比你优秀！在这种心理的支配下，他们往往会更加勤勉，那么你最终要战胜对手的难度就无形中加大了；而如果你能不逞一时之强，先向对手示弱，便能使之对你放松警惕，便能为你赢得更多的机会以争取胜利。

在我们熟知的勾践灭吴的故事中，勾践之所以能最终卧薪尝胆，一举灭吴，就是因为他懂得示弱，让吴王放松了警惕。

越王勾践退守会稽山后，就向全军发布号令说：“凡是我的父辈兄弟及和国君同姓的人，哪个能够协助我击退吴国的，我就同他共同管理越国的政事。”大夫文种向越王进谏说：“我听说过，商人在夏天就预先积蓄皮货，冬天就预先积蓄夏布，行旱路就预先准备好船只，行水路就预先准备好车辆，以备需要时用。一个国家即使没有外患，然而有

谋略的大臣及勇敢的将士不能不事先培养和选择。就如蓑衣斗笠这种雨具，到下雨时，是一定要用上它的。现在您大王退守到会稽山之后，才来寻求有谋略的大臣，未免太晚了吧？”勾践回答说：“如果能听到大夫您的这番话，怎么能算晚呢？”说罢，就握着大夫文种的手，同他一起商量向吴国求和的事。

越王就派文种到吴国去求和。文种对吴王说：“我们越国派不出有本领的人，就派了我这样无能的臣子，我不敢直接对您大王说，我私自同您手下的臣子说：我们越王的军队，不值得屈辱大王再来讨伐了，越王愿意把金玉及子女，奉献给大王，以酬谢大王。并请允许把越王的女儿作大王的婢妾，大夫的女儿作吴国大夫的婢妾，士的女儿作吴国士的婢妾，越国的珍宝也全部带来；越王将率领全国的人，编入大王的军队，一切听从大王的指挥。如果您大王认为越王的过错不能宽容，那么我们将烧毁宗庙，把妻子儿女捆绑起来，连同金玉一起投到江里，然后再带领现在仅有的五千人同吴国决一死战，那时一人就必定能抵两人用，这就等于是拿一万人的军队来对付您大王了，结果不免会使越国百姓和财物都遭到损失，岂不影响到大王加爱于越国的仁慈恻隐之心了吗？是情愿杀了越国所有的人，还是不花力气得到越国，请大王衡量一下，哪种有利呢？”

纵然吴国大夫伍子胥反对，但吴王夫差还是接受了文种的意见，同越国订立和约。

勾践正是因为接受了文种的意见，向吴国求和，才打消了后来吴王对自己“卧薪尝胆”的疑虑，并放松了对他的警惕，为自己招兵买马、复兴越国赢得了充分的时间。

其实，当今社会，社交场合本身同战场有很多相似的地方。各种交际场合中，高手如云，聪明的女人们，你不妨运用女性的优势，适当“示弱”，这并不是表示你无能，有时反而起到化解矛盾、以柔克刚的作用，取得意想不到的妙效。承认“无知”，多学多问，是铺设走向成功之路的必备素质。学会了妥协，就能学会以屈求伸，以退为进， 以静制动，以柔克刚，你才可能成为最后的胜利者。

其实，在这里，我们所说的示弱并不是真的在示弱，也并不是以眼泪换取同情，而是一种心理技巧，以达到你的交际目的。在生活中，我们常常会听老人们这样说：“软刀子更扎人！”就是这个道理。

示弱，必须善于选择适宜的内容。比如说，如果你在某一领域很出色，那么你就可以把示弱的内容放到其他领域，你不妨暴露自己曾经闹过的无伤大雅的笑话、遭遇的尴尬等。如果你事业有成，那么你不妨谦虚点说自己是运气好而已。

示弱有时还要表现在行动上。如果现在的你有一定的成就，完全具备和别人竞争的条件，要尽量回避退让。因为成功的你已经成为别人嫉妒的目标，如果你再处处争强好胜，那么，你只会引火烧身。

心理小贴士

人都有一种好胜的心理，尤其在与对手较量的过程中，这就需要我们为人处世别争强好胜，能够主动示弱，这是一种智慧。可以说，懂得示弱是人际交往中掌握主动权的“灵丹妙药”。

得饶人处且饶人，给别人退路就是给自己后路

对于我们的竞争对手或敌人，倘若我们能为对方留一条退路，那么对方必定能感受到你的宽容。无疑这是我们种下的善果，他日对方必定也会为你留一条后路。

宽容是人类的美德，更是一种最为宝贵的意识。人类社会的任何组织，小至家庭，大至社会、国家，要和谐共存，都离不开这个“宽容”的意识。古人云：冤冤相报何时了，得饶人处且饶人。这就是一种宽容，一种心胸宽大的表现。自古以来，宽容就被人们奉为一条至高的做人原则，也是中华民族传统美德的一个重要方面。

生活中的每一个女人，你也要时刻记住宽容为不可或缺的美德，即使与自己的对手较量，也一定要心胸宽阔，容人之不能容，才能成就非凡的品质。有时候，包容他人，给别人一次机会，也就是给自己机会。

一次，楚王邀请群臣来喝酒，席间，为了助兴，楚王叫来了自己最宠爱的两位美人许姬和麦姬轮流向各位敬酒。

因为是在室外举办的宴会，所以，当一阵狂风吹来时，现场的所有灯笼和蜡烛都被吹灭了。此时，一个好色的官员趁机摸了许姬的玉手。许姬当然本能地甩了一下手。谁知道，这下子，她一不小心扯掉了这位官员的帽带，然后她匆匆回到座位上并在楚王耳边悄声说：“刚才有人乘机调戏我，我扯断了他的帽带，你赶快叫人点起蜡烛来，看谁没有帽带，就知道是谁了。”

楚王听了，并没有责备那位官员，而是立即令人先不要点蜡烛，并对在场的所有人说：“我今天晚上，一定要与各位一醉方休，来，大家都把帽子脱了痛快饮一场。”

有了楚王的命令，大家也只好脱了帽子，自然也就看不出是谁的帽带断了。后来楚王攻打郑国，有一健将独自率领几百人，为三军开路，斩将过关，直通郑国的首都，而此人就是当年揩许姬油的那一位。他因楚王施恩于他，而发誓毕生孝忠于楚王。

“人非圣贤，孰能无过。”很多时候，我们放他人一马，就是给自己创造机会。很多时候，我们都需要宽容，因为宽容不仅是给别人机会，更是为自己创造机会。

诚然，人们常说：“凡事要认真”，这原本没错，但是一个人一旦认真到了较真的地步，眼里丝毫不揉沙子，那就是和自己过不去，到头来终究会自讨苦吃。所以，善良的女人们，在与对手交涉的过程中，你也没必要把事做绝。俗话说："兔子急了也咬人"，你把别人逼得没有丝毫退路，对方除了奋力反击之外还能有什么选择？

不过，宽容我们的对手说起来简单，可做起来并不容易。因为任何宽容都是要付出代价的，甚至是痛苦的代价。

为了培养和锻炼良好的心理素质，女人们，你要勇于接受宽容的考验，即使感情无法控制时，也要管住自己的大脑，忍一忍，就能抵御急躁和鲁莽，控制冲动的行为。对此，你需要做到以下几个方面。

1. 设身处地地从对方角度考虑问题，做到求同存异

宽容就是一种意见的保留，就是不勉强他人。从心理学角度，我们每个人的任何一种想法的产生，都是有理由的。如果你的想法与他人不同，那么你应该多了解对方的这种想法产生的根源，这样你就能够设身处地地从对方的角度考虑问题了。

2. 用爱心包容别人

"包容"，归根结底，根源于爱和理解。只有心中有爱，我们才能以同情的态度对待他人，才会充分尊重他人的立场和见解。只有爱，才能消除彼此的敌视、猜忌、误解；而爱的荒芜和消亡，将使最亲密的人彼此伤害、仇视以至兵戈相向。

3. 学会求同存异

当你与他人产生一些分歧时，不要显示你的嘴上功夫，将对方说得一无是处，甚至将对方贬低，这样做只会恶化你们间的关系。任何人都有自己的人生观、价值观等，对同一件事，自然也会有不同的看法，俗话说："对事不对人"，有意见可以保留，但不能贬低他人。

心理小贴士

宽容是一种财富，拥有宽容，是拥有一颗善良、真诚的心。这是易于拥有的一笔财富，它在时间推移中升值，它会把精神转化为物质，它是一盏绿灯，帮助我们在工作中通行，选择了宽容，其实便赢得了财富。

面对交涉，争取比对方提前到达约定场所

现代社会，与对手较量，打的就是心理战。“先下手为强”，也可理解为占心理的先机。面对交涉，争取比对方提前到达约定场所。这是最好的扰乱别人阵脚的方法，一旦掌握了“心理学占先机”这门工具，就能在与对手交涉的过程中如虎添翼！

任何一个女人都知道，社会交往不仅是一项重要的社会实践活动，还是从事其他社会实践活动的基础和前提。在当代社会，能否通过社会交往与他人建立和谐的人际关系，已成为判断一个人基本素养的重要标准。是否会交往，很多时候更体现在能否利用心理策略上。

诗人约翰·唐曾说：“没有别人，你即是一座孤岛。”人生在世，必然要参与社会交往，社交关系的好与坏，与人们的心理有很大关系。在社交过程中，我们不免也要与自己的对手打交道，而能掌控这一局势的人，必定也是在心理上占尽先机的人。

参与过谈判的女人可能都有这样的感受：当你和你的同伴到达谈判地点时，你已经看见对方正气定神闲地等待你了，那么你是否会产生一种对

方在气势上已经胜你一筹的感觉？的确，心理战术也告诉我们，在与人交涉的时候，要争取比对方提前到约定场所，这就在心理上抢占了优势，有利于掌控整个交涉局势。

“瓮中捉鳖”的故事由来就说明了这个道理。

北宋末年，以宋江为首的梁山好汉在山东起义，起义军纪律严明，劫富济贫，很受百姓爱戴。但就在起义军风生水起时，梁山发生了这样一件事。

在梁山不远的山下，住着一位老汉，老汉开了一家小酒馆，与自己的女儿满堂娇相依为命，满堂娇已经十八岁，出落得貌美动人。

有一天，两个地痞流氓来酒店吃酒。酒足饭饱后，不但不给钱，还对满堂娇心生歹念，想将其掳走。老汉不但没有拦住，还被他们踢倒在地，并威胁老汉：“俺们是梁山好汉宋江和鲁智深，你敢不从？这小娘子陪我们两天就回来，你如声张出去，小心老命！”说罢扬长而去。

这一幕被同样是梁山好汉的李逵尽收眼底，他心想，鲁智深和宋江真是伪君子，居然干出这等龌龊之事。于是，他决心上山找宋江和鲁智深算账。

李逵急冲冲赶回山寨，大闹忠义堂。后来，他才发现自己错怪了宋江，完全是那两个流氓冒充宋江的名号干坏事。于是，他决定向宋江赔罪。

这时，老汉急急忙忙跑来对李逵说两个流氓又来闹事了，不过已经被他灌醉了。李逵兴奋地说：“来得正好，看老子瓮中捉鳖，收拾这两个坏蛋！”李逵手提板斧，火速下山，终于除掉了这两个冒充梁山好汉、败坏梁山名声的流氓。

“瓮中捉鳖”的字面含义是大坛子里捉甲鱼。李逵瓮中捉鳖，从另一种意义山来说，是一种心理上的优势。虽然和对方的交涉是在未知的情况下，但及时得到消息的李逵已经大有掌握整个交涉局势的信心。

现代社会，拥有心理学知识已经成为一个现代成功交际人士不可或缺

的前提条件。尤其在与对手的较量过程中，每一次人际交往都是一次心理交锋，而在这交锋过程中，最重要的就是要占尽先机。你可以打破思维，让对方自乱阵脚。这样，你即使处于交际劣势，也可以创造取胜机会。在社交活动中占尽先机，你就能如鱼得水，毕竟社交打的就是一场心理战。

因此，每一个女人都要掌握一些与对手较量的心理策略，其中就包括通过先到达约定场所来加强心理优势这一策略。面对交涉，争取比对方提前到达约定场所，就是掌握了一种心理上的优势，而交涉对方的心理活动刚好相反，会认为事先赶到的你已经信心十足、准备充分。那么，在交涉初始过程中，他就在心理这一战术上输给了你。良好的开端是成功的一半，首战告捷，成功近在咫尺。

心理小贴士

很多时候，交涉对方不一定为我们的实力所威慑，而是一种心理上的畏惧和劣势，因为当我们提前到达约定场所，当对方看见一个镇定自若的对手时，作为开场白的心理战就已经输了。自然，我们就占了先机，余下的交涉工作就在掌控之中。

参考文献

[1] 金韩丽. 女人优雅一生的社交礼仪课[M]. 哈尔滨：黑龙江科学技术出版社，2012.

[2] 王硕. 就是不告诉你的社交心理诡计[M]. 北京：中国画报出版社，2012.

[3] 子衿. 懂社交心理的女人最受欢迎[M]. 北京：中国纺织出版社，2012.